中国野生植物韧皮纤维特性及显微图谱

Characteristics and Microscopic Atlas of Phloem Fibers from Chinese Wild Plants

李海龙　伊廷双　刘传富　著

化学工业出版社

·北京·

内容简介

本书立足于国家“双碳”目标与生物经济产业发展需求，基于作者历时五年的野外调查与实验室分析检测成果，介绍了桑科、瑞香科、荨麻科、锦葵科等不同科属的36种野生植物韧皮纤维，阐述每种植物的植株形态特征、地理分布、韧皮纤维生物结构和理化性能等指标。

本书可供国内从事植物纤维研究以及致力于野生植物纤维在制浆造纸、纺织和材料等领域应用的科技工作者阅读参考。

图书在版编目（CIP）数据

中国野生植物韧皮纤维特性及显微图谱 / 李海龙，伊廷双，刘传富著. -- 北京 : 化学工业出版社，2025. 7. -- ISBN 978-7-122-48463-5

Ⅰ. TS102.2-64

中国国家版本馆CIP数据核字第202591MG81号

责任编辑：傅四周
责任校对：李雨函
装帧设计：王晓宇

出版发行：化学工业出版社
（北京市东城区青年湖南街13号　邮政编码100011）
印　　装：北京宝隆世纪印刷有限公司
787mm×1092mm　1/16　印张11¾　字数281千字
2026年1月北京第1版第1次印刷

购书咨询：010-64518888　　售后服务：010-64518899
网　　址：http://www.cip.com.cn
凡购买本书，如有缺损质量问题，本社销售中心负责调换。

定　　价：199.00元

前言 PREFACE

在人类文明的漫长星河中，植物韧皮纤维始终扮演着不可或缺的角色，承载着数千年的文明印记。从河姆渡遗址七千年前的苎麻绳痕，到汉代蜀锦中桑麻的华丽交织；从蔡伦造纸术中构树皮的智慧转化，到江南水乡苎麻夏布的清凉飘逸——植物韧皮纤维，这根无形的丝线，始终穿梭于中华民族的日常生活、经济发展与艺术创造之中，编织出一部无声而辉煌的“纤维文明史”。我国作为全球植物多样性最丰富的国家之一，拥有种类繁多的野生纤维植物，其中许多植物的韧皮纤维具有优异的力学性能，在绿色材料开发、传统工艺复兴及可持续发展领域具有巨大应用潜力。

然而，长期以来，国内对野生植物韧皮纤维的研究多集中于单一物种或区域性调查，研究成果散见于地方志、农书或学术论文中，缺乏系统性、全面性的科学整理，尤其是在显微结构、理化特性及实际应用方面的深入探索仍显不足。这种相对碎片化的知识状态，不仅制约了科研工作者对韧皮纤维资源特性及潜在应用价值的深入认知，也阻碍了相关产业链上下游形成协同创新的合力。

在全球“双碳”目标与绿色材料革命的大背景下，天然植物纤维的价值被重新审视。本书聚焦桑科、瑞香科、荨麻科、锦葵科等科属的36种重要野生纤维植物，基于作者历时五年的野外调查与严谨的实验室分析检测成果，汇集了作者首次开展的涵盖生物结构、纤维微观形貌和理化性能等多维度信息系统总结和对比研究成果。为兼顾学术规范与可读性，书中形态特征、生长环境、地理分布和用途描述主要参考了《中国植物志》和*Flora of China*，纤维性能测试严格遵循国家标准或国际标准，确保数据可靠。书中特别提供了场发射扫描电子显微镜（FE-SEM）等先进技术手段获取的纤维微观图像，力求为读者呈现直观、精确的科学图像。

我们期望本书的出版，不仅能为相关领域科研工作者提供一部权威、实用的参考书，助力韧皮纤维在制浆造纸、纺织和新材料制造等领域的创新应用研究，更能引起社会各界对纤维植物资源保护和可持续利用的关注，传承并弘扬中华民族几千年来利用植物韧皮纤维的智慧和传统。本书编写分工如下：植物特征部分由中国科学院昆明植物研究所伊廷双研究员执笔，刘成和陈斯云参与编写；物理性能部分由华南理工大学李海龙教授执笔，刘梦茹、师莉升、肖玉英和王园缘参与编写；化学组成部分由刘传富教授执笔，任俊莉和岳凤霞参与编写。全书由化学工业出版社相关编辑认真审稿。囿于学识与时间，书中难免存在疏漏与不足之处，恳请各位专家、学者不吝指正。

本书的出版得到了科技基础资源调查专项“轻纺用野生纤维资源植物科学调查”项目（2019FY100900）的资助，在此表示衷心感谢！

Contents

目录

第1章

桑科

Moraceae

1.1 桑属 *Morus* Linnaeus

1.1.1 桑 *Morus alba* Linnaeus

【形态特征】

乔木或灌木，高达15米，胸径可达50厘米；树皮厚，灰色，具不规则浅裂；小枝有细毛，见图1；冬芽红棕色，卵形，具细毛。托叶披针形，早落，外面密被细硬毛；叶柄长1.5～5.5厘米，具柔毛；叶卵形或宽卵形，长5～30厘米，宽5～12厘米，基部圆形至微心形，先端尖或渐尖，锯齿粗钝，有时缺裂，上面光滑，亮绿色，背面脉腋有簇生毛。花雌雄异株，腋生，与叶同时生出；雄花序下垂，长2～3.5厘米，被白色柔毛；雄花花被片椭圆形，淡绿色，花丝在芽中内折；雌花序长1～2厘米，被毛；总花梗长0.5～1厘米，被柔毛；雌花无梗，花被片卵形，边缘被毛，两侧包围子房；子房卵形，无花柱，柱头2裂，内侧具乳头状突起。聚花果卵形、椭圆形或圆柱形，长1～2.5厘米，成熟时红色、紫色、暗紫色或白色，见图2。花期4～5月，果期5～8月。

图1 果枝（甘啟良 拍摄）

图2 果实（朱鑫鑫 拍摄）

【生长环境】

常生于低海拔的田埂上。

【地理分布】

产于中国中部和北部，现在全国栽培，世界其他很多国家也有栽培。

【用途】

树皮纤维作纺织和造纸原料；根皮、果实及枝条可入药；叶为养蚕的饲料；木材坚硬，可制家具、乐器、雕刻品等；桑葚可以食用，也可以酿酒。

【纤维原料形貌】

桑皮纤维原料形貌如图3。

图3 桑皮纤维原料图

【化学组成】

表1为桑皮的化学组成。桑皮的灰分含量为10.46%；纤维素及半纤维素的含量分别为25.30%和16.54%；苯醇抽出物和热水抽出物的含量分别为6.63%和8.25%；酸溶木素和酸不溶木素含量分别为3.15%和21.89%。

表1 桑皮化学组成

组分	纤维素	半纤维素	抽出物		木素		灰分
			苯醇抽出物	热水抽出物	酸不溶木素	酸溶木素	
含量/%	25.30	16.54	6.63	8.25	21.89	3.15	10.46

【纤维原料生物结构】

图4为桑皮生物结构图。如图所示，桑皮从外到内依次为表皮、周皮和韧皮部，其中韧皮部主要由韧皮纤维、韧皮薄壁细胞、韧皮射线和石细胞等构成。纤维细胞腔小、壁厚，纤维呈星散分布，与呈圆形或椭圆形的薄壁细胞交叉排列。韧皮射线向外逐渐膨大，从单列逐渐变多列，在周皮处出现部分弯曲现象。石细胞呈团状分布于近表皮处，其占比较大。

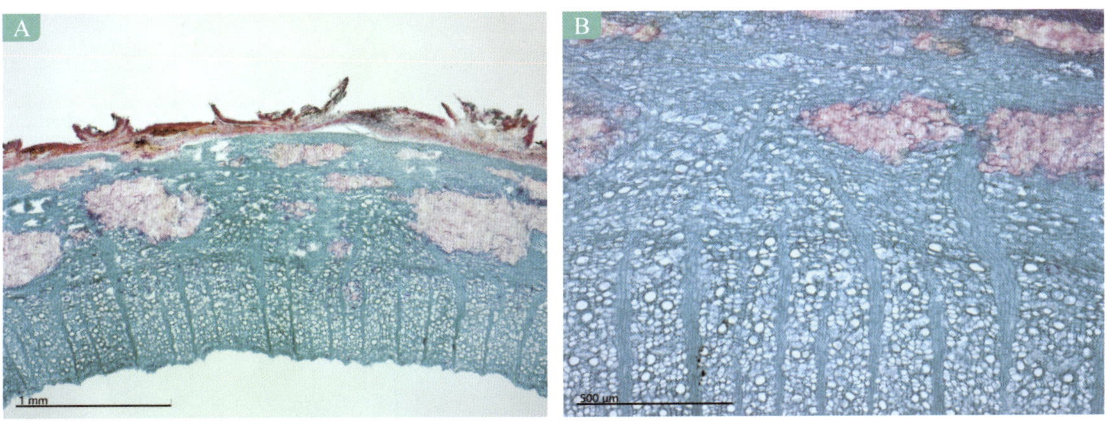

图4

（**A**）超景深显微镜图（×**100**）；（**B**）超景深显微镜图（×**200**）；

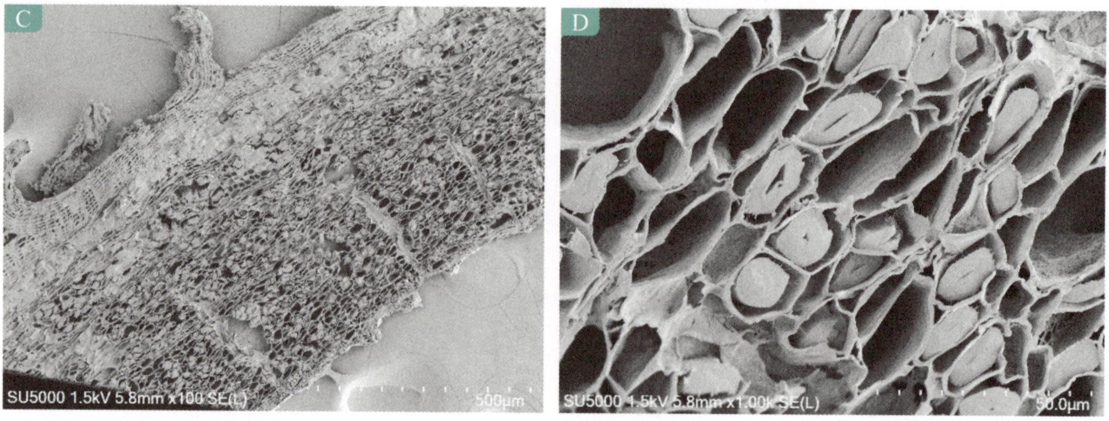

图4　桑皮生物结构图

（**C**）扫描电镜图（×**100**）；（**D**）扫描电镜图（×**1000**）

【纤维形态分析】

桑韧皮纤维形态分析结果见表2。

表2　桑韧皮纤维形态分析结果

项目 / 名称	纤维图像分析仪					光学显微镜法		
	平均长度/mm			宽度/μm	长宽比	壁厚/μm	胞腔直径/μm	壁腔比
	算术平均	长度加权	重量加权					
桑	1.00	3.02	4.06	24.45	124	3.68	4.79	1.54

注：长宽比＝长度加权平均长度/宽度。

【纤维微观形貌】

图5为桑韧皮纤维的光学显微镜图。如图所示，解离得到的纤维经赫氏染色剂染色后呈蓝紫色，纤维长度中等，纤维整体比较平直，粗细均匀，两端逐渐变细，端部多为尖细状，少部分呈分枝状或鹿角状。桑韧皮纤维上横节纹较细、稀疏，横节纹整

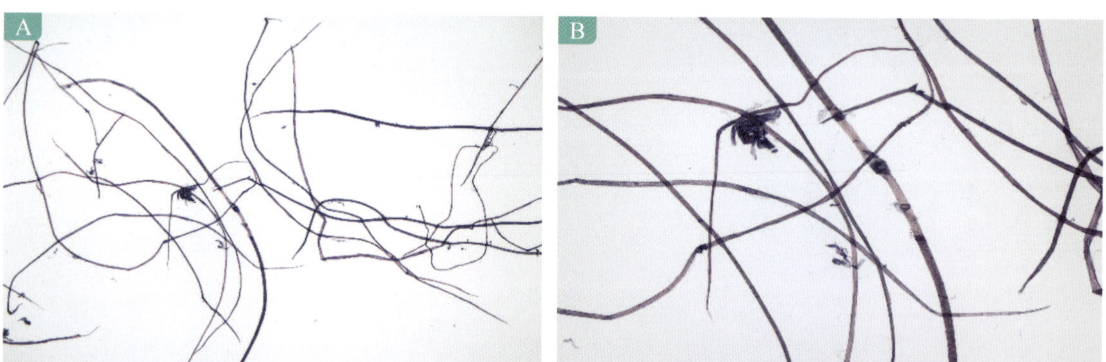

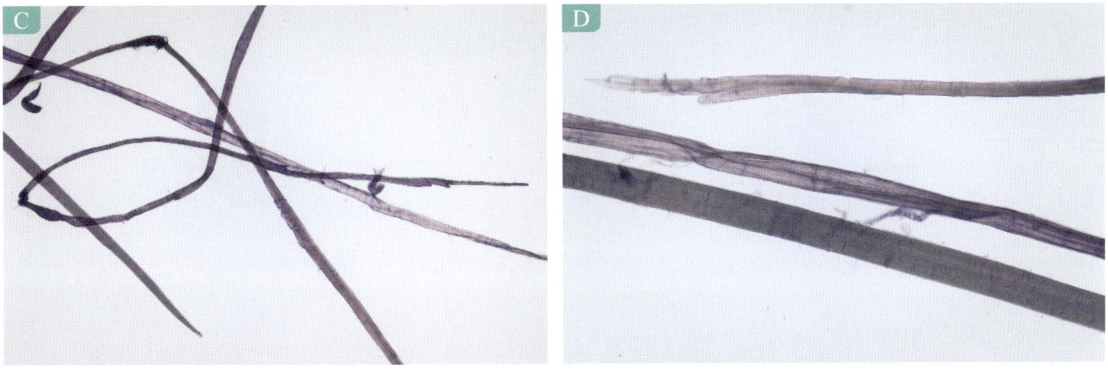

图5 桑韧皮纤维光学显微镜图

（A）40×；（B）100×；（C）200×；（D）400×

体颜色偏浅且间距较大，分布较均匀。

图6为桑韧皮纤维的扫描电镜图，从图中可以看出桑韧皮纤维的形态整体呈扁平状，纤维表面略粗糙，存在少量杂细胞；桑韧皮纤维表面有凸起节纹，纵向波纹状褶皱明显。

图6 桑韧皮纤维扫描电镜图

（A）100×；（B）500×；（C）1500×；（D）5000×

【纤维物理性质】

如表3所示，桑韧皮纤维的结晶度为84.8%，高于木浆（60%～70%）；使用比重瓶法测定的纤维密度为1.53g·cm^{-3}；平均微纤丝角度为7°～20°；纤维干法和湿法零距抗张指数分别为94.0N·m·g^{-1}和55.6N·m·g^{-1}；纤维活化能为113.0kJ·mol^{-1}，相较于同科属的华桑（79.8kJ·mol^{-1}），桑韧皮纤维的活化能更高。

表3　桑韧皮纤维物理性质

项目 名称	纤维密度 /g·cm^{-3}	结晶度/%	微纤丝角/°	零距抗张指数/N·m·g^{-1}		热重分析活化能 /kJ·mol^{-1}
				干法	湿法	
桑	1.53	84.8	7~20	94.0	55.6	113.0

1.1.2　华桑 *Morus cathayana* Hemsley

【形态特征】

小乔木或灌木；树皮灰白色，光滑；小枝幼时被细毛，成长后脱落，皮孔明显，见图1。托叶披针形；叶柄长2～5厘米，被柔毛；叶厚纸质，宽卵形或近圆形，长8～20厘米，宽6～13厘米，基部心形或截形，略偏斜，先端渐尖或短尖，边缘具疏浅锯齿或钝锯齿，有时分裂，正面粗糙，生短毛，基部沿叶脉

图1　植株（朱鑫鑫 拍摄）

图2　雌花序（朱鑫鑫 拍摄）

图3　果实（朱鑫鑫 拍摄）

被柔毛，背面粗糙，密被白色柔毛。花雌雄同株异序；雄花序长3～5厘米；雄花花被片黄绿色，长卵形，外面被毛，雄蕊4，退化雌蕊小；雌花序长1～3厘米，雌花花被片卵形，先端被毛，花柱短，柱头2裂，内面被毛，见图2。聚花果圆筒形，长2～3厘米，成熟时白色、红色或深紫色，见图3。花期4～5月，果期5～6月。

【生长环境】

常生于海拔900～1300米的向阳山坡或沟谷。

【地理分布】

产于中国河北、河南、江苏、安徽、浙江、福建、陕西、湖北、湖南、云南、四川等地；在朝鲜、日本也有分布。

【用途】

茎皮纤维可制蜡纸、绝缘纸、皮纸；果实可酿酒。

【纤维原料形貌】

华桑皮纤维原料形貌如图4。

图4 华桑皮纤维原料图

【化学组成】

表1为华桑皮的化学组成。华桑皮的灰分含量为9.76%；纤维素及半纤维素的含量分别为28.14%和19.52%，两者含量均高于本书中同科属的桑和鸡桑；苯醇抽出物含量为7.52%；热水抽出物的含量是3.07%；酸溶木素和酸不溶木素含量则分别为1.93%及22.44%。

表1　华桑皮化学组成

组分	纤维素	半纤维素	抽出物		木素		灰分
			苯醇抽出物	热水抽出物	酸不溶木素	酸溶木素	
含量/%	28.14	19.52	7.52	3.07	22.44	1.93	9.76

【纤维原料生物结构】

图5为华桑皮的生物结构图。如图所示，华桑皮从外到内依次为表皮、周皮和韧皮

部，其中韧皮部主要由韧皮纤维、韧皮薄壁细胞、韧皮射线细胞和石细胞等构成。纤维细胞壁厚、腔小，纤维细胞与韧皮薄壁细胞交错排列，排列秩序性较差，在韧皮部所占比例小。韧皮射线为多列，并出现呈团状分布的大块石细胞，多位于靠近表皮的位置，其石细胞占比高于桑皮。

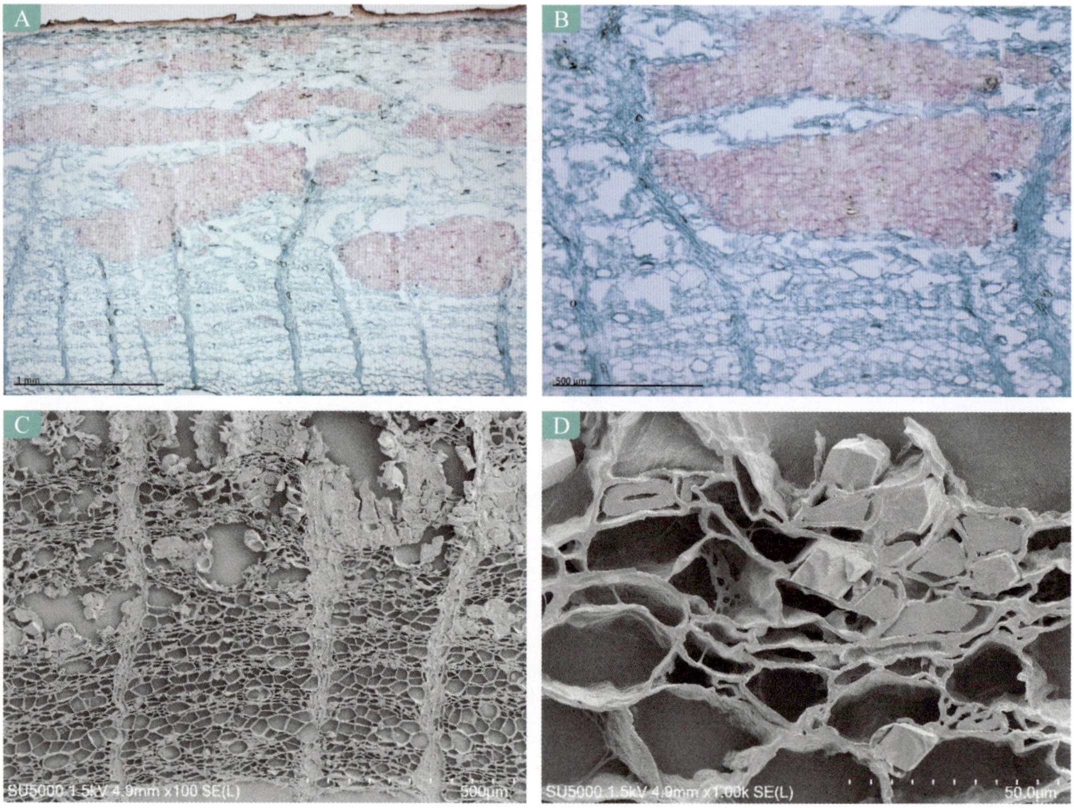

图5　华桑皮的生物结构图

（**A**）超景深显微镜图（×**100**）;（**B**）超景深显微镜图（×**200**）;
（**C**）扫描电镜图（×**100**）;（**D**）扫描电镜图（×**1000**）

【纤维形态分析】

华桑韧皮纤维形态分析结果见表2。

表2　华桑韧皮纤维形态分析结果

项目 / 名称	纤维图像分析仪					光学显微镜法		
	平均长度/mm			宽度/μm	长宽比	壁厚/μm	胞腔直径/μm	壁腔比
	算术平均	长度加权	重量加权					
华桑	0.60	2.44	4.02	22.75	107	3.92	6.16	1.27

注：长宽比=长度加权平均长度/宽度。

【纤维微观形貌】

图6为华桑韧皮纤维的光学显微镜图。如图所示，华桑韧皮纤维的长度比桑韧皮纤维略短。解离得到的纤维经赫氏染色剂染色后呈紫红色，粗细均匀。纤维两端逐渐变细，端部多为钝尖状，少部分呈钝圆状。纤维上横节纹较细、颜色较浅。

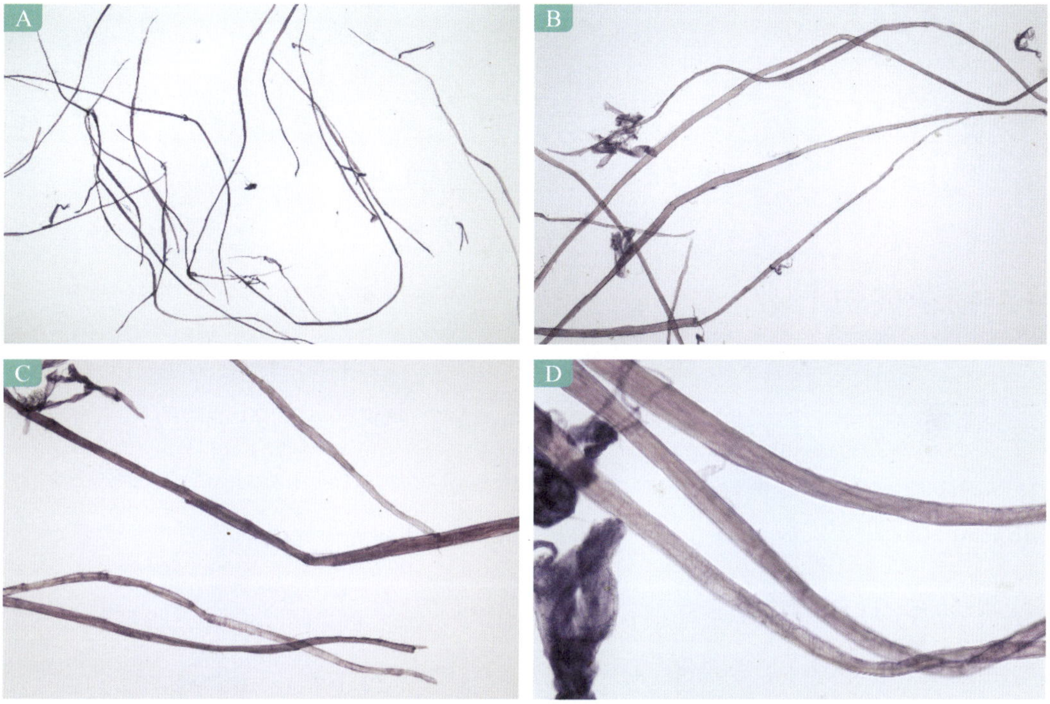

图6　华桑韧皮纤维光学显微镜图

（A）40×；（B）100×；（C）200×；（D）400×

图7为华桑韧皮纤维的扫描电镜图。从图中可以看出，与桑韧皮纤维相比，华桑韧皮纤维整体形态相对圆润；纤维表面粗糙，且部分纤维出现扭结现象。

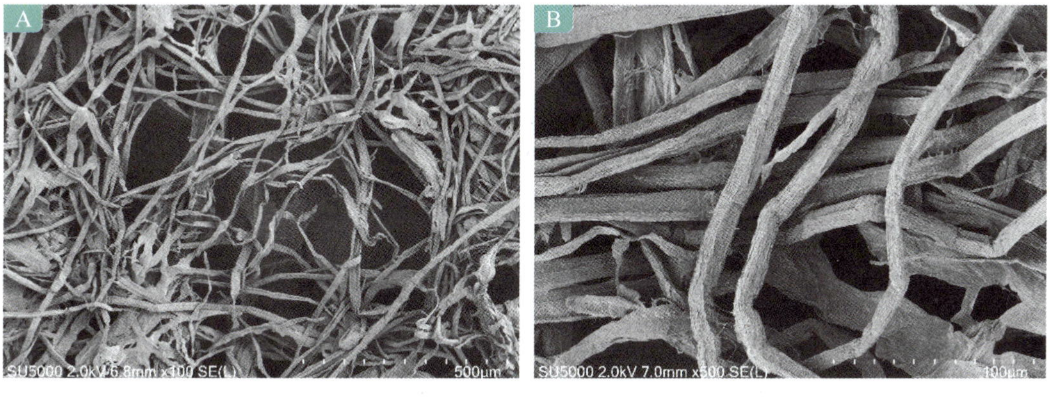

图7

（A）100×；（B）500×

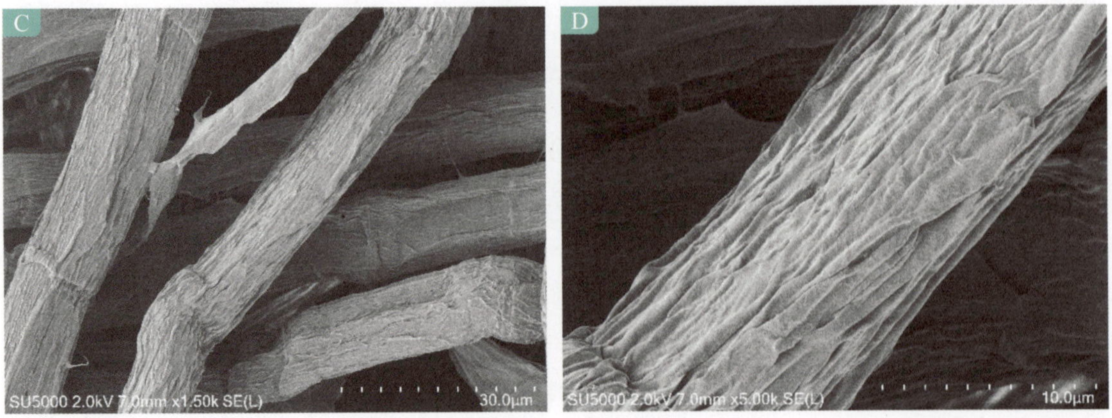

图7 华桑韧皮纤维扫描电镜图

（C）1500×；（D）5000×

【纤维物理性质】

如表3所示，华桑韧皮纤维的结晶度为80.7%；使用比重瓶法测定的纤维密度为1.60g·cm^{-3}，相较于同科属的桑（1.53g·cm^{-3}）和鸡桑（1.47g·cm^{-3}），华桑韧皮纤维的密度最高；平均微纤丝角度为7°～21°；纤维干法和湿法零距抗张指数分别为79.5N·m·g^{-1}和62.2N·m·g^{-1}；纤维活化能为79.8kJ·mol^{-1}。

表3 华桑韧皮纤维物理性质

项目 / 名称	纤维密度 /g·cm^{-3}	结晶度 /%	微纤丝角 /°	零距抗张指数/N·m·g^{-1}		热重分析活化能 /kJ·mol^{-1}
				干法	湿法	
华桑	1.60	80.7	7~21	79.5	62.2	79.8

1.1.3 鸡桑 *Morus australis* Poiret

【形态特征】

灌木或小乔木，树皮灰褐色；冬芽大，圆锥状至卵圆形。托叶线状披针形，早落；叶柄长1～1.5厘米，被毛；叶片披针形至宽卵形，不分裂或3～5裂，长5～14厘米，宽1～12厘米，基部楔形或心形，先端急尖或尾状，边缘具粗锯齿，正面粗糙，密生短毛，背面疏被粗毛，见图1。雄花序长1～1.5厘米，被柔毛，雄花绿色，具短梗，花被片卵形，花药黄色；雌花序球形，长约1厘米，密被白色柔毛，雌花花被片长圆形，暗绿色，花柱长，柱头2裂，内面被柔毛。聚花果短椭圆形，直径约1厘米，成熟时红色或深紫色，见图2。花期3～4月，果期4～5月。

图1　果枝（蔡杰 拍摄）

图2　果实（蔡杰 拍摄）

【生长环境】

常生于海拔500～1000米的石灰岩山地、林缘或山坡。

【地理分布】

分布于中国辽宁、河北、河南、湖北、湖南、山东、陕西、甘肃、安徽、浙江、江西、福建、台湾、广东、广西、四川、贵州、云南、西藏等地区；在朝鲜、日本、斯里兰卡、不丹、尼泊尔及印度也有分布。

【用途】

韧皮纤维用于造纸，果食成熟时味甜可食。

【纤维原料形貌】

鸡桑皮纤维原料形貌如图3。

图3　鸡桑皮纤维原料图

【化学组成】

表1为鸡桑皮的化学组成。鸡桑皮灰分含量为5.91%，明显低于其同科属的桑（10.46%）与华桑（9.76%）；纤维素及半纤维素的含量分别为21.23%和15.42%；苯醇抽出物、热水抽出物、酸溶木素和酸不溶木素的含量分别为12.20%、7.92%、0.03%和22.21%，其中，酸溶木素的含量远低于同科属的桑（3.15%）和华桑（1.93%）。

表1　鸡桑皮化学组成

组分	纤维素	半纤维素	抽出物		木素		灰分
			苯醇抽出物	热水抽出物	酸不溶木素	酸溶木素	
含量/%	21.23	15.42	12.20	7.92	22.21	0.03	5.91

【纤维原料生物结构】

图4为鸡桑皮的生物结构图。从图中可以看出，鸡桑皮从外到内依次为表皮、周皮和韧皮部，其中韧皮部主要由韧皮纤维、韧皮薄壁细胞、韧皮射线和石细胞等构成。纤维细胞壁厚、腔小，呈星散分布，与韧皮薄壁细胞交叉排列，在韧皮部的占比较小。韧皮射线细胞为多列。与同科属的桑皮相比，鸡桑皮中韧皮射线细胞更长，可延伸至表皮区域。此外，在鸡桑皮中存在呈团簇状聚集分布的石细胞，其聚集形成的石细胞团尺寸小于同科属的华桑；石细胞在鸡桑皮中的占比较高，主要分布于近表皮侧。

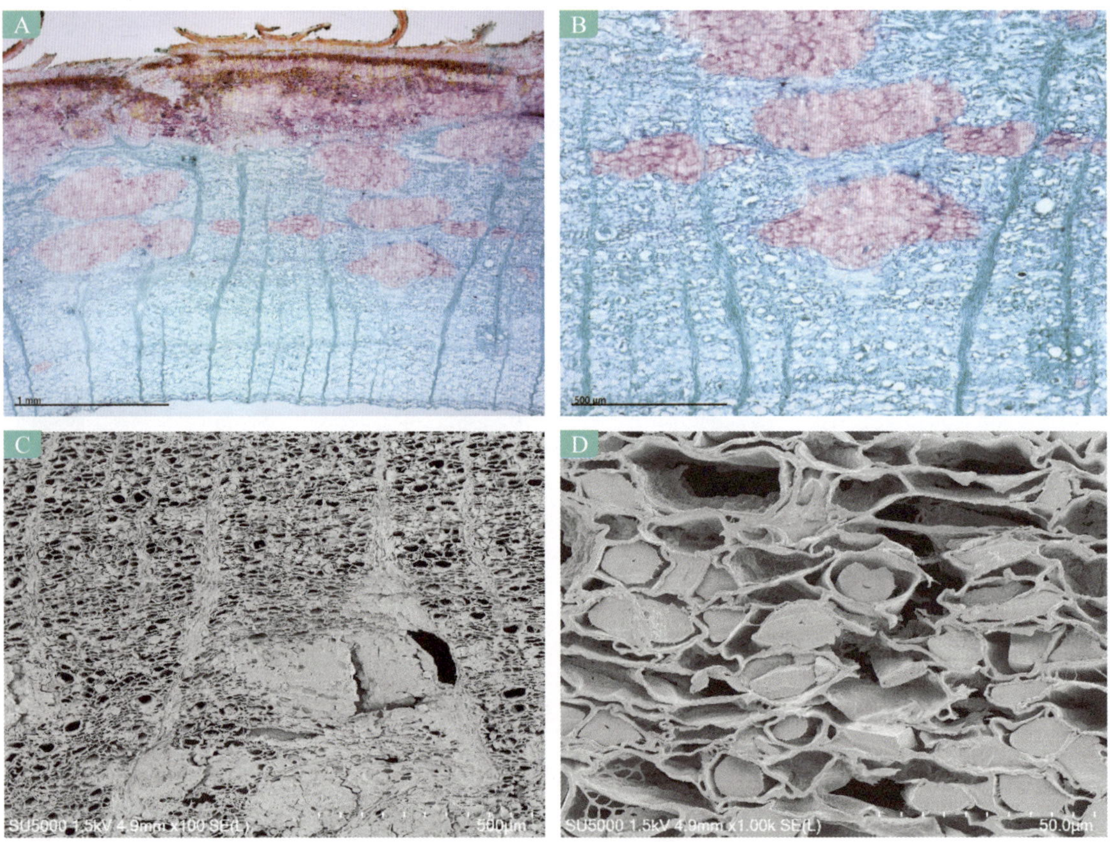

图4　鸡桑皮生物结构图

（A）超景深显微镜图（×100）；（B）超景深显微镜图（×200）；

（C）扫描电镜图（×100）；（D）扫描电镜图（×1000）

【纤维形态分析】

鸡桑韧皮纤维形态分析结果见表2。

表2　鸡桑韧皮纤维形态分析结果

<table>
<tr><td rowspan="3">项目
名称</td><td colspan="5">纤维图像分析仪</td><td colspan="3">光学显微镜法</td></tr>
<tr><td colspan="3">平均长度/mm</td><td rowspan="2">宽度/μm</td><td rowspan="2">长宽比</td><td rowspan="2">壁厚/μm</td><td rowspan="2">胞腔直径/μm</td><td rowspan="2">壁腔比</td></tr>
<tr><td>算术平均</td><td>长度加权</td><td>重量加权</td></tr>
<tr><td>鸡桑</td><td>0.65</td><td>2.47</td><td>3.73</td><td>26.19</td><td>94</td><td>5.51</td><td>6.04</td><td>1.82</td></tr>
</table>

注：长宽比=长度加权平均长度/宽度。

【纤维微观形貌】

图5为鸡桑韧皮纤维的光学显微镜图。如图所示，解离后的鸡桑韧皮纤维经赫氏染色剂染色后呈棕红色。纤维细长，粗细均匀，两端渐尖，末端形状各异，多为钝尖状，部分尖细状，少部分呈凸齿状。纤维表面的横节纹间距较大，相较于同科属的桑和华桑，鸡桑韧皮纤维上的横节纹更为明显。

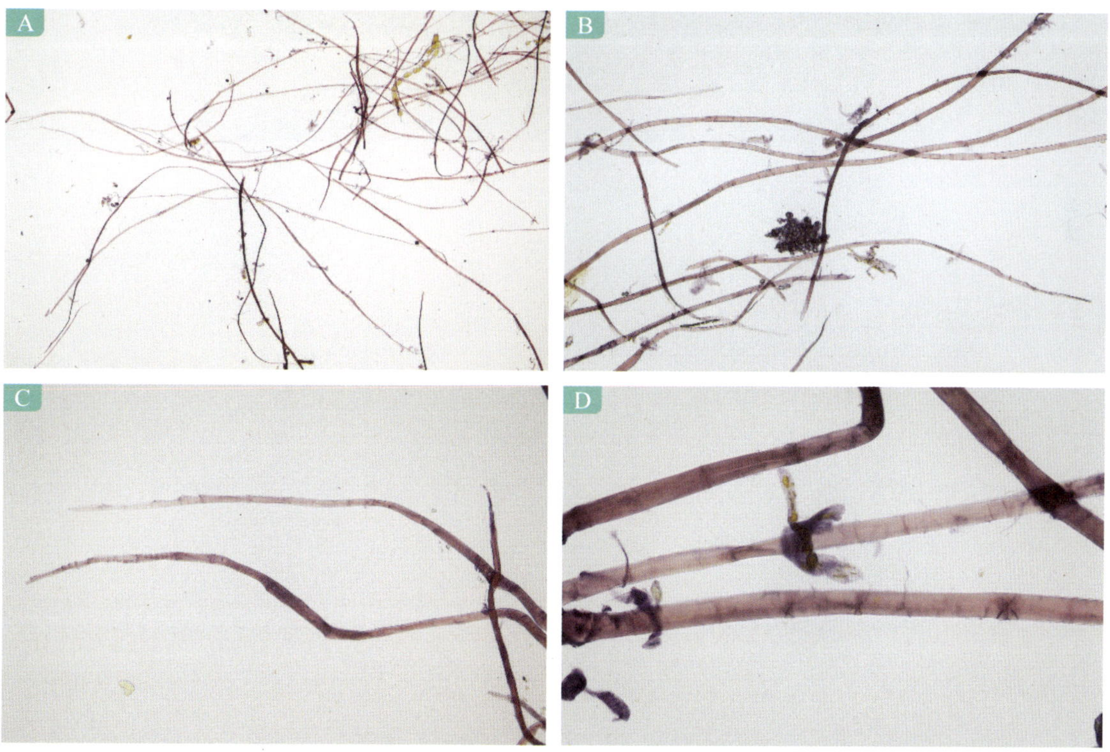

图5　鸡桑韧皮纤维光学显微镜图

（A）40×；（B）100×；（C）200×；（D）400×

图6为鸡桑韧皮纤维的扫描电镜图，从图中可以看出其纤维整体细长；纤维表面纵向褶皱明显，可观察到分布间距较为均匀的纵向波纹。

图6 鸡桑韧皮纤维扫描电镜图

（A）100×；（B）500×；（C）1500×；（D）5000×

【纤维物理性质】

如表3所示，鸡桑韧皮纤维的结晶度为84.9%，与同科属的桑（84.8%）相近，高于华桑（80.7%）；使用比重瓶法测定的鸡桑韧皮纤维密度为1.47g · cm^{-3}；平均微纤丝角度为8° ～19° ；鸡桑韧皮纤维干法和湿法零距抗张指数分别为80.4N · m · g^{-1}和50.6N · m · g^{-1}；纤维活化能为119.0kJ · mol^{-1}。

表3　鸡桑韧皮纤维物理性质

项目 名称	纤维密度 /g · cm^{-3}	结晶度 /%	微纤丝角 /°	零距抗张指数/N · m · g^{-1}		热重分析活化能 /kJ · mol^{-1}
				干法	湿法	
鸡桑	1.47	84.9	8~19	80.4	50.6	119.0

1.2 榕属 *Ficus* Linnaeus

1.2.1 异叶榕 *Ficus heteromorpha* Hemsley

【形态特征】

落叶灌木或小乔木，高2～5米；树皮灰褐色；小枝红褐色，节间短，见图1。托叶披针形，长约1厘米；叶柄长1.5～6厘米，红色；叶片琴形、椭圆形、椭圆状披针形，长10～18厘米，宽2～7厘米，先端渐尖或为尾状，基部圆形或浅心形，正面略粗糙，背面有细小钟乳体，全缘或微波状；基生侧脉较短，次生侧脉6～15对，红色，见图2。榕果成对生于短枝叶腋，稀单生，球形或圆锥状球形，光滑，直径6～10毫米，成熟时紫黑色，顶生苞片脐状，见图3；基生苞片3枚，卵圆形；雄花和瘿花同生于一榕果中；雄花散生内壁，花被片4～5，匙形，雄蕊2～3；瘿花花被片5～6，子房光滑，花柱短；雌花花被片4～5，包围子房；花柱侧生，柱头画笔状，被柔毛。瘦果光滑。花期4～5月，果期5～7月。

图1 果枝（张挺 拍摄）

图2 叶背面（张挺 拍摄）

图3 果实（朱鑫鑫 拍摄）

【生长环境】

生于林中、山坡和山谷。

【地理分布】

产于中国河南、湖北、湖南、江苏、浙江、江西、安徽、福建、广东、广西、贵州、陕西、甘肃、四川、云南；在缅甸也有分布。

【用途】

茎皮纤维用于造纸；成熟榕果可食；叶可作猪饲料。

【纤维原料形貌】

异叶榕皮纤维原料形貌如图4。

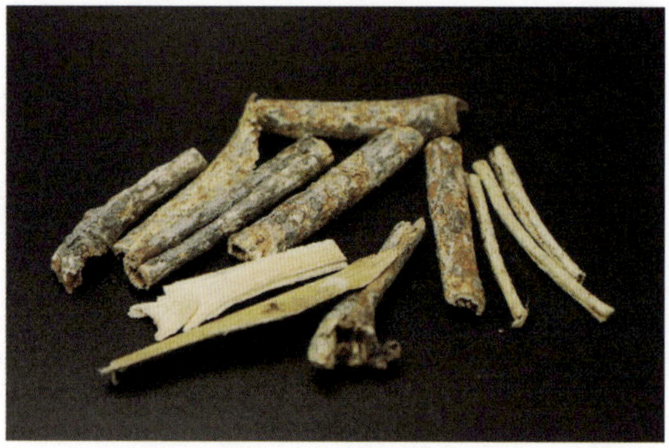

图4 异叶榕皮纤维原料图

【化学组成】

表1为异叶榕皮的化学组成。异叶榕皮的灰分含量为9.50%；纤维素及半纤维素的含量分别为25.76%和11.51%；苯醇抽出物含量为5.46%；热水抽出物的含量是13.16%；酸溶木素和酸不溶木素含量分别为1.46%和26.87%。

表1 异叶榕皮化学组成

组分	纤维素	半纤维素	抽出物		木素		灰分
			苯醇抽出物	热水抽出物	酸不溶木素	酸溶木素	
含量/%	25.76	11.51	5.46	13.16	26.87	1.46	9.50

【纤维原料生物结构】

图5为异叶榕皮的生物结构图。如图所示，异叶榕皮从外到内依次为表皮、周皮

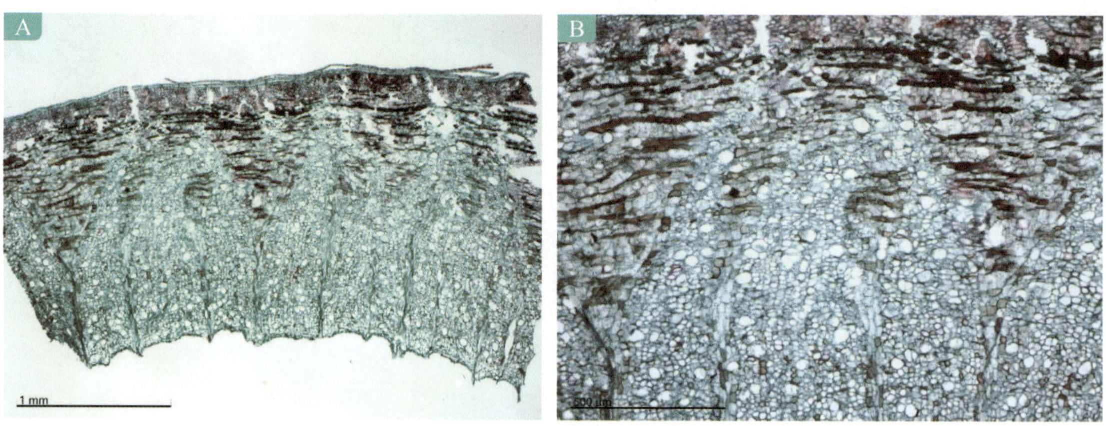

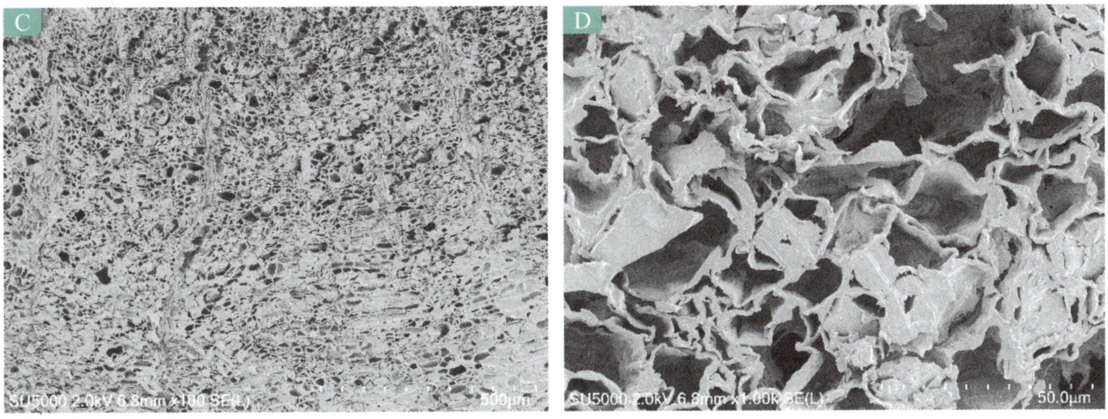

图5　异叶榕皮生物结构图

（**A**）超景深显微镜图（×**100**）；（**B**）超景深显微镜图（×**200**）；
（**C**）扫描电镜图（×**100**）；（**D**）扫描电镜图（×**1000**）

和韧皮部，其中韧皮部主要由韧皮纤维、韧皮薄壁细胞、韧皮射线和石细胞等构成。纤维呈星散分布，细胞腔小、壁厚。韧皮薄壁细胞呈圆形或椭圆形与纤维交错排列。韧皮射线由内向外逐渐从单列变成多列，与桑属的桑皮、华桑皮和鸡桑皮相比，韧皮射线细胞的占比较大。

【纤维形态分析】

异叶榕韧皮纤维形态分析结果见表2。

表2　异叶榕韧皮纤维形态分析结果

<table>
<tr><th rowspan="3">项目
名称</th><th colspan="5">纤维图像分析仪</th><th colspan="3">光学显微镜法</th></tr>
<tr><th colspan="3">平均长度/mm</th><th rowspan="2">宽度/μm</th><th rowspan="2">长宽比</th><th rowspan="2">壁厚/μm</th><th rowspan="2">胞腔直径/μm</th><th rowspan="2">壁腔比</th></tr>
<tr><th>算术平均</th><th>长度加权</th><th>重量加权</th></tr>
<tr><td>异叶榕</td><td>0.58</td><td>1.93</td><td>3.61</td><td>21.85</td><td>88</td><td>5.82</td><td>3.33</td><td>3.50</td></tr>
</table>

注：长宽比＝长度加权平均长度/宽度。

【纤维微观形貌】

图6为异叶榕韧皮纤维的光学显微镜图。解离得到的异叶榕韧皮纤维经赫氏染色剂染色后呈蓝紫色或紫红色，长度中等。纤维整体较平直，部分存在一定弯曲，粗细整体相近，纤维两端逐渐变细，端部多为钝圆状。纤维表面横节纹不明显，仅部分纤维隐约可见。部分纤维在光学显微镜下可明显观察到细胞腔。

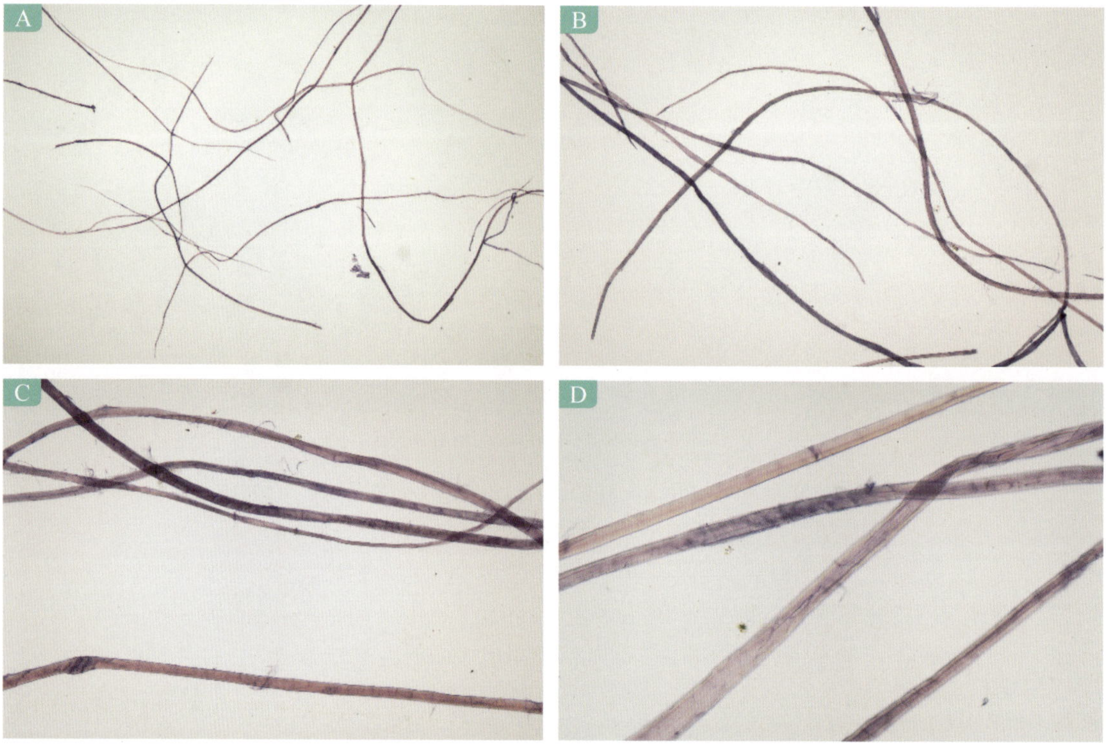

图6 异叶榕韧皮纤维光学显微镜图

（A）40×；（B）100×；（C）200×；（D）400×

图7为异叶榕韧皮纤维的扫描电镜图。从图中可以看出异叶榕韧皮纤维整体呈扁平状，纤维宽度均匀，纤维表面粗糙，部分纤维表面横节纹凸起明显，且表面褶皱较多。

【纤维物理性质】

如表3所示，异叶榕韧皮纤维的结晶度为84.5%；使用比重瓶法测定的纤维密

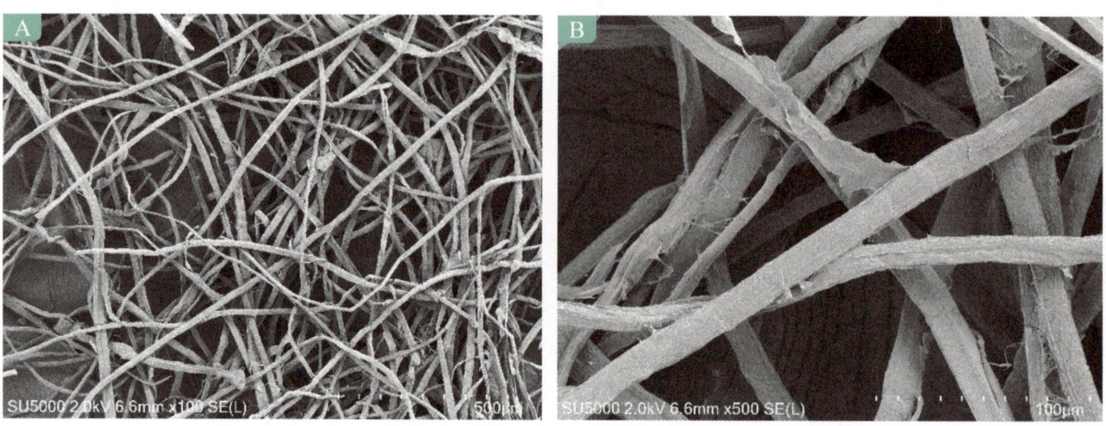

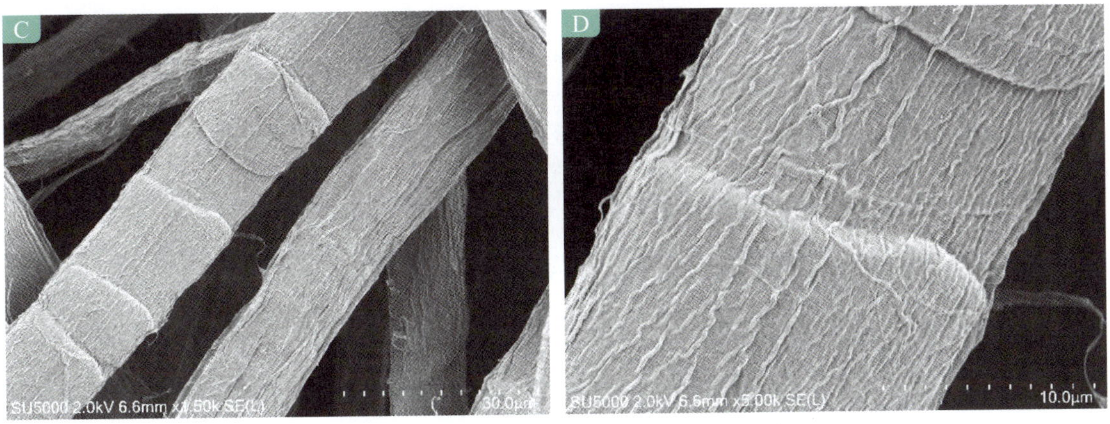

图7 异叶榕韧皮纤维扫描电镜图

（A）100×；（B）500×；（C）1500×；（D）5000×

度为1.65g·cm^{-3}，均超过同科的桑（1.53g·cm^{-3}）、华桑（1.60g·cm^{-3}）和鸡桑（1.47g·cm^{-3}）；平均微纤丝角度为9°～15°；纤维干法和湿法零距抗张指数分别为39.5N·m·g^{-1}和18.2N·m·g^{-1}；纤维活化能为120.4kJ·mol^{-1}。

表3 异叶榕韧皮纤维物理性质

项目 名称	纤维密度 /g·cm^{-3}	结晶度 /%	微纤丝角 /°	零距抗张指数/N·m·g^{-1}		热重分析活化能 /kJ·mol^{-1}
				干法	湿法	
异叶榕	1.65	84.5	9~15	39.5	18.2	120.4

1.2.2 垂叶榕 *Ficus benjamina* Linnaeus

【形态特征】

大乔木，高达20米，胸径30～50厘米；树皮灰色至灰白色，光滑；主分枝生气生根，可以形成新树干；小枝灰白色，下垂，光滑，见图1。托叶披针形，膜质，无毛，早落，长约6～15毫米；叶柄长1～2厘米，上面有沟槽；叶片薄革质，卵形至卵状椭圆形，长4～8（～14）厘米，宽2～4（～8）厘米，基部圆形或楔形，先端短渐尖，全缘；侧脉8～10对，平行展出，直达近叶边缘，网结成边脉，两面光滑无毛。榕果成对或单生叶腋，基部缢缩成柄，球形或扁球形，光滑，成熟时红色至黄色，直径0.8～2厘米，见图2；苞片不明显，三角状卵形，光滑，宿存；雄花、瘿花、雌花生于同一榕果内；雄花极少数，具短柄，花被片（3或）4，宽卵形，雄蕊1枚，花丝短；瘿花具柄，多数，花被片（3或）4或5，狭匙形；子房卵圆形，无毛，

图1 植株（李永亮 拍摄）

图2 果实（李永亮 拍摄）

花柱近侧生，雌花无柄，花被片3，短匙形，花柱近侧生，短，柱头扩大。瘦果卵状肾形，短于宿存花柱。花果期8～11月。

【生长环境】

通常生于海拔400～800米的潮湿混交林及村寨附近。

【地理分布】

产于中国贵州、云南、广西、广东、海南、台湾；在印度、不丹、尼泊尔、柬埔寨、老挝、马来西亚、缅甸、泰国、越南、菲律宾、巴布亚新几内亚、澳大利亚、所罗门群岛也有分布。

【纤维原料形貌】

垂叶榕皮纤维原料形貌如图3。

图3 垂叶榕皮纤维原料图

【化学组成】

表1为垂叶榕皮的化学组成。垂叶榕皮的灰分含量为6.37%；纤维素及半纤维素的含量分别为20.42%和13.04%；苯醇抽出物含量为4.43%；热水抽出物的含量是7.54%；酸溶木素和酸不溶木素含量分别为1.94%和23.35%。

表1　垂叶榕皮化学组成

组分	纤维素	半纤维素	抽出物		木素		灰分
			苯醇抽出物	热水抽出物	酸不溶木素	酸溶木素	
含量/%	20.42	13.04	4.43	7.54	23.35	1.94	6.37

【纤维原料生物结构】

图4为垂叶榕皮的生物结构图。如图所示，垂叶榕皮从外到内依次为表皮、周皮和韧皮部，其中韧皮部主要由韧皮纤维、韧皮薄壁细胞、韧皮射线细胞和石细胞等构成。纤维细胞具有细胞腔小、壁厚的特征，且纤维排列较为紧凑整齐，表现出一定的取向性。这些纤维聚集成多个纤维群体，纤维群体之间由韧皮薄壁细胞间隔。此外，纤维主要分布于远离表皮一侧，而石细胞则呈团状分布于近表皮一侧。

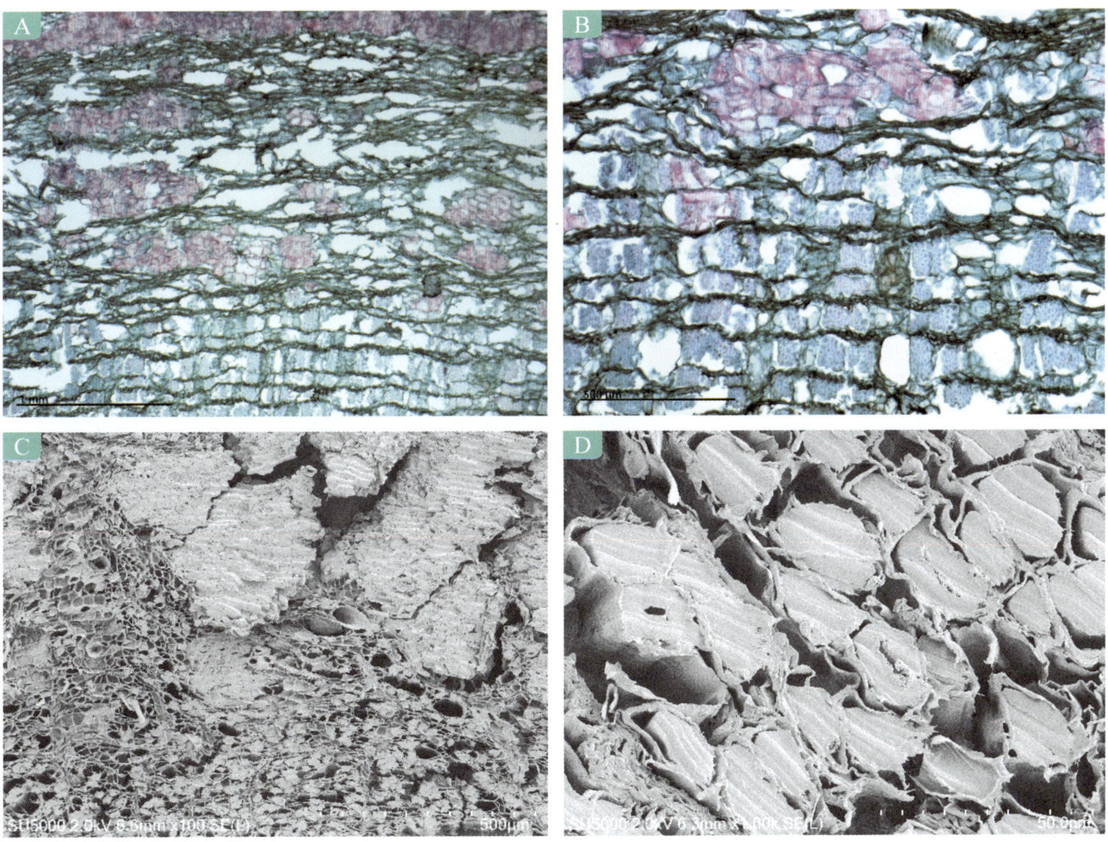

图4　垂叶榕皮生物结构图

（**A**）超景深显微镜图（×**100**）；（**B**）超景深显微镜图（×**200**）；

（**C**）扫描电镜图（×**100**）；（**D**）扫描电镜图（×**1000**）

【纤维形态分析】

垂叶榕韧皮纤维形态分析结果见表2。

表2 垂叶榕韧皮纤维形态光学显微镜法分析结果

项目 名称	数量平均纤维长度/mm	宽度/μm	长宽比	壁厚/μm	胞腔直径/μm	壁腔比
垂叶榕	10.92	25.85	422	6.72	4.65	2.89

注：长宽比=数量平均纤维长度/宽度。

【纤维微观形貌】

图5为垂叶榕韧皮纤维的光学显微镜图。如图所示，解离得到的垂叶榕韧皮纤维经赫氏染色剂染色后呈酒红色。纤维较长，圆润，呈圆柱形，粗细均匀，比异叶榕纤维略粗。纤维端部多为钝圆状，部分端部呈不明显凸齿状。纤维部分区域可观察到明显胶质膜。部分纤维表面横节纹较深，横节纹间距均匀，与纤维截面倾角较小。

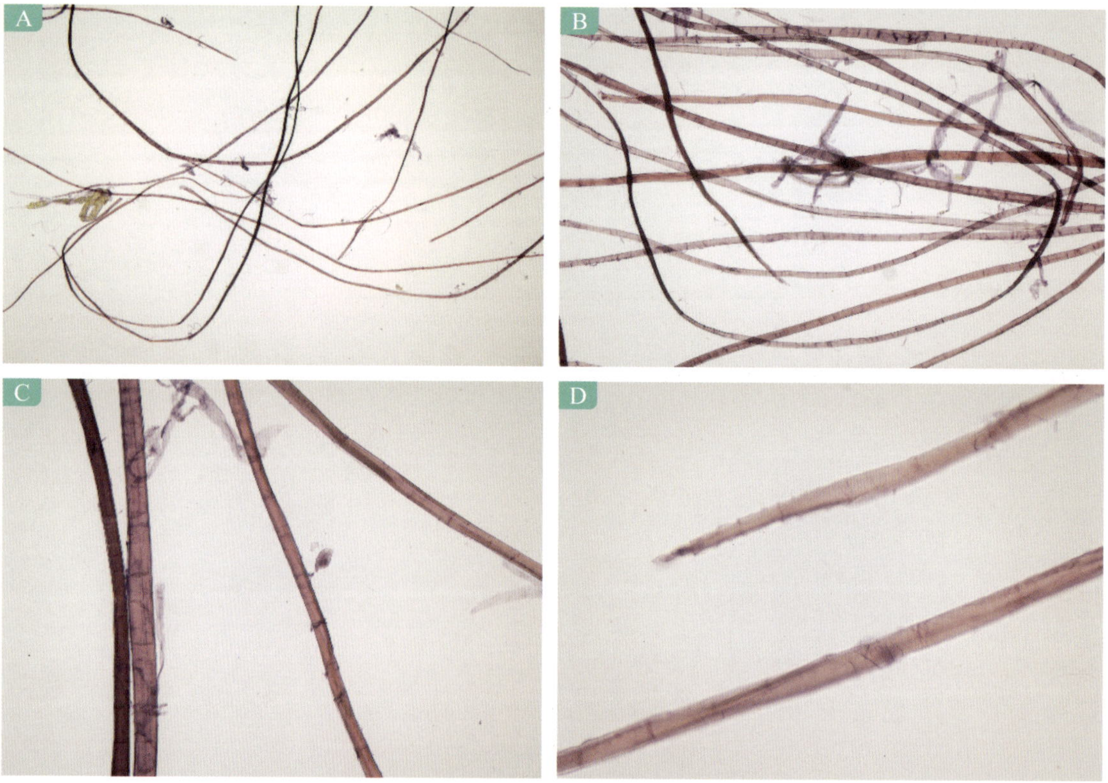

图5 垂叶榕韧皮纤维光学显微镜图

（A）40×；（B）100×；（C）200×；（D）400×

图6为垂叶榕韧皮纤维的扫描电镜图。从图中可以看出，垂叶榕韧皮纤维整体呈扁平状，纤维中存在少量杂细胞；纤维表面粗糙，纵向褶皱明显。

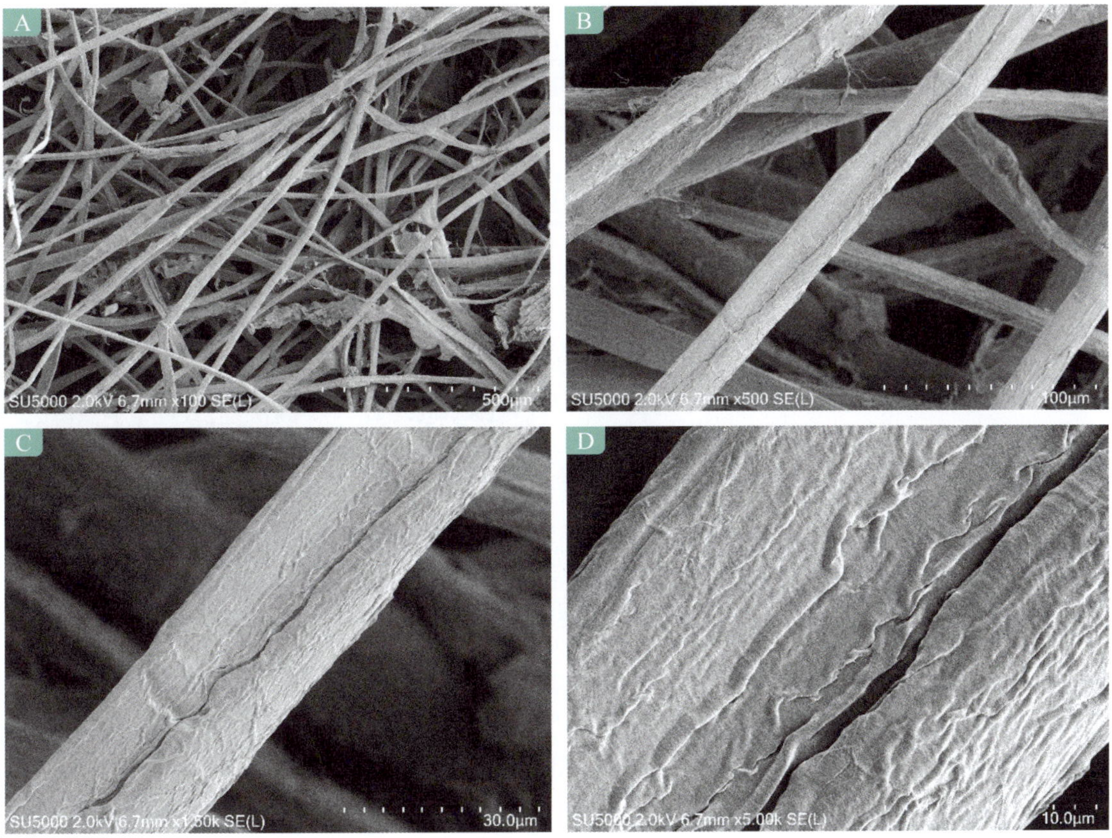

图6 垂叶榕韧皮纤维扫描电镜图

（A）100×；（B）500×；（C）1500×；（D）5000×

【纤维物理性质】

如表3所示，垂叶榕韧皮纤维的结晶度为87.4%；使用比重瓶法测定的纤维密度为1.62g · cm^{-3}；平均微纤丝角度为5° ～9° ；纤维干法和湿法零距抗张指数分别为72.7N · m · g^{-1}和31.8N · m · g^{-1}；纤维活化能为162.5kJ · mol^{-1}，相较于同科属的异叶榕（120.4kJ · mol^{-1}）和鸡嗉子榕（91.5kJ · mol^{-1}），其活化能更高。

表3 垂叶榕韧皮纤维物理性质

项目 名称	纤维密度 /g · cm^{-3}	结晶度 /%	微纤丝角 /°	零距抗张指数/N · m · g^{-1}		热重分析活化能 /kJ · mol^{-1}
				干法	湿法	
垂叶榕	1.62	87.4	5~9	72.7	31.8	162.5

1.2.3 鸡嗉子榕 *Ficus semicordata* Buchanan-Hamilton ex Smith

【形态特征】

乔木，高3～10米，胸径15～25厘米；树皮灰色，光滑；幼枝被白色或褐色柔毛，见图1。托叶披针形，长2～3.5厘米，膜质，近无毛，红色；叶柄长5～10毫米，粗壮，密被硬毛；叶片长圆状披针形，极不对称，长18～28厘米，宽9～11厘米，纸质，基部一侧偏心形，一侧耳状，先端渐尖，边缘有细锯齿或全缘，正面粗糙，脉上被硬毛，背面密生短硬毛和黄褐色小突点；基生侧脉较短，侧脉10～14对，见图2。榕果生于老茎发出的无叶小枝上，果枝下垂至根部或穿入土中；榕果球形、直径1～1.5厘米、被短硬毛，有侧生苞片、基生苞片3、被毛，总梗长5～10毫米、被硬毛，成熟榕果紫红色，见图3；雄花，生于榕果内壁近口部，花被片3枚，红色，倒披针形，长于雄蕊，雄蕊2稀为1，花药白色，花丝短；瘿花花被片线状披针形，4～5枚，花柱侧生，短；雌花花被片与瘿花相同，基部有苞片1枚，子房卵状椭圆形，花柱侧生，长，柱头圆柱形，浅2裂。瘦果宽卵形，顶端一侧微缺，微具瘤体。花期5～10月。

图1 植株（郭永杰 拍摄）

图2 叶子（郭永杰 拍摄）

图3 果实（郭永杰 拍摄）

【生长环境】

常生于海拔600～1900（～2800）米的路旁，林缘或沟谷。

【地理分布】

分布于中国广西、贵州、云南、西藏（墨脱）；在马来西亚（雪兰莪以北）、越南、泰国、缅甸、不丹、尼泊尔、印度也有分布。

【用途】

树皮纤维可代麻用，亦可作造纸原料。

【纤维原料形貌】

鸡嗉子榕皮纤维原料形貌如图4。

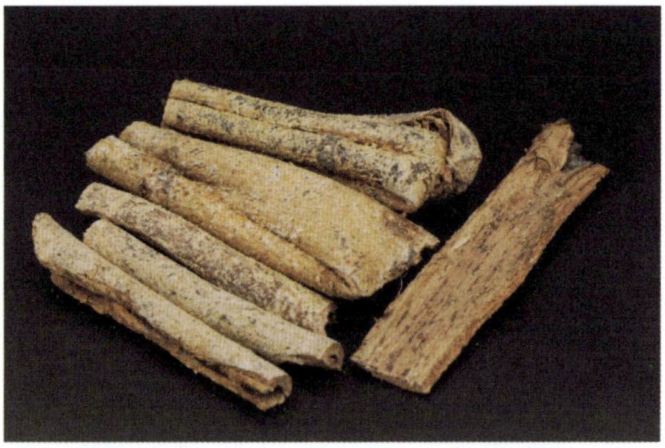

图4 鸡嗉子榕皮纤维原料图

【化学组成】

表1为鸡嗉子榕皮的化学组成。鸡嗉子榕皮的灰分含量为12.40%；纤维素及半纤维素的含量分别为16.36%和6.12%，明显低于其同科属的异叶榕（25.76%、11.51%）及垂叶榕（20.42%、13.04%）；苯醇抽出物和热水抽出物的含量分别为1.78%和15.15%；酸溶木素和酸不溶木素含量分别为2.67%和27.93%。

表1　鸡嗉子榕皮化学组成

组分	纤维素	半纤维素	抽出物		木素		灰分
			苯醇抽出物	热水抽出物	酸不溶木素	酸溶木素	
含量/%	16.36	6.12	1.78	15.15	27.93	2.67	12.40

【纤维原料生物结构】

图5为鸡嗉子榕皮的生物结构图。如图所示，鸡嗉子榕皮从外到内依次为表皮、周皮和韧皮部，韧皮部主要由韧皮纤维、韧皮薄壁细胞和韧皮射线等构成。纤维细胞呈星散分布，细胞壁厚、腔小。韧皮薄壁细胞呈圆形或椭圆形，与纤维交错排列。韧皮射线由内向外逐渐增宽，从单列过渡为多列。石细胞呈团状分布在近表皮处。

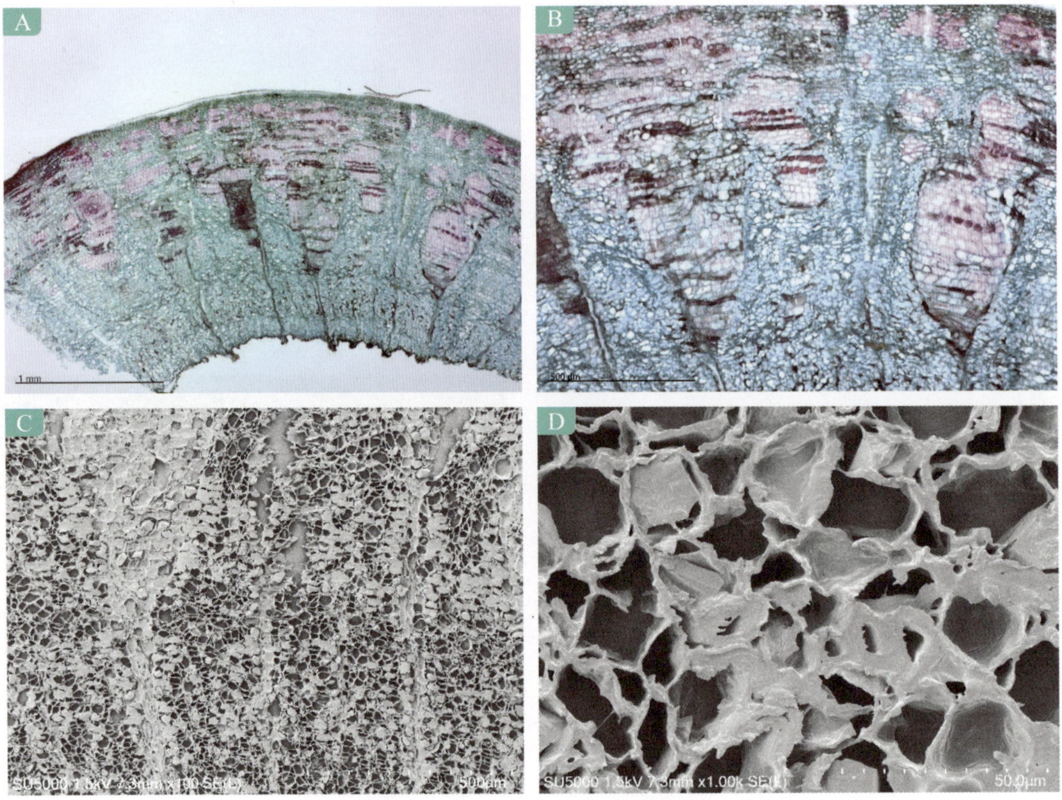

图5 鸡嗉子榕皮生物结构图

（A）超景深显微镜图（×100）；（B）超景深显微镜图（×200）；
（C）扫描电镜图（×100）；（D）扫描电镜图（×1000）

【纤维形态分析】

鸡嗉子榕韧皮纤维形态分析结果见表2。

表2 鸡嗉子榕韧皮纤维形态光学显微镜法分析结果

项目 名称	数量平均纤维长度/mm	宽度/μm	长宽比	壁厚/μm	胞腔直径/μm	壁腔比
鸡嗉子榕	5.41	15.26	355	4.19	5.10	1.64

注：长宽比=数量平均纤维长度/宽度。

【纤维微观形貌】

图6为鸡嗉子榕韧皮纤维的光学显微镜图。如图所示，解离得到的鸡嗉子榕韧皮纤维经染色后呈浅蓝紫色或红紫色。纤维长度中等，几乎接近同科属的垂叶榕韧皮纤维长度的一半。纤维形态较为匀整，粗细均匀，端部多呈钝圆状。纤维表面横节纹色浅、纹细且稀疏，细胞腔不明显。

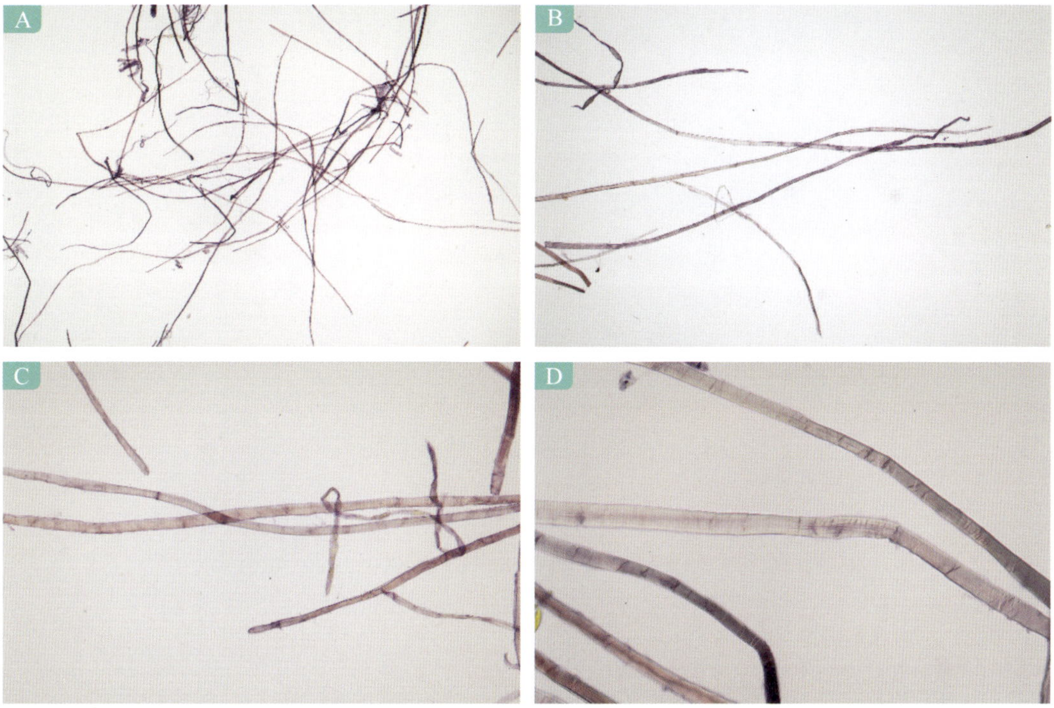

图6　鸡嗉子榕韧皮纤维光学显微镜图

（A）40×；（B）100×；（C）200×；（D）400×

图7为鸡嗉子榕韧皮纤维的扫描电镜图。从图中可以看出，鸡嗉子榕韧皮纤维宽度较为均匀，纤维表面粗糙，存在较多的杂细胞。

【纤维物理性质】

由表3可见，鸡嗉子榕韧皮纤维的结晶度为78.8%；使用比重瓶法测定的纤维密度为1.78g·cm^{-3}；平均微纤丝角度为12°～50°；纤维干法和湿法零距抗张指数分

图7

（A）100×；（B）500×

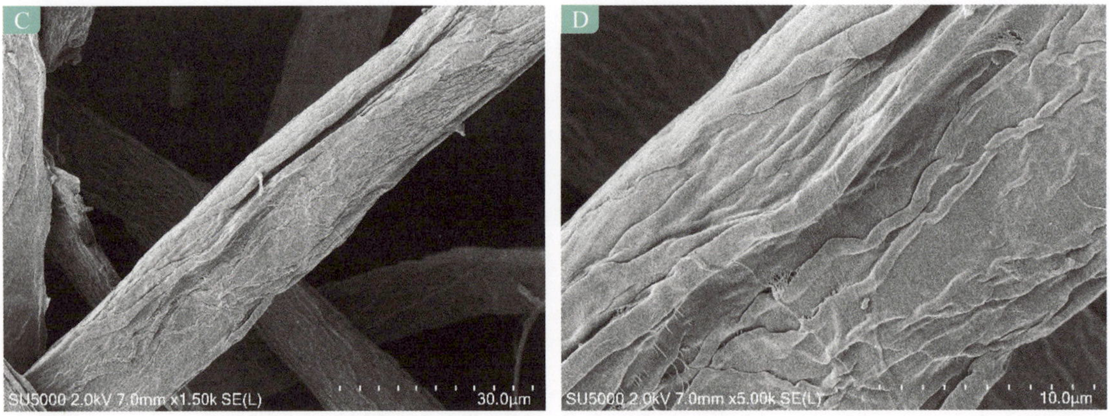

图7 鸡嗉子榕韧皮纤维扫描电镜

（C）1500×；（D）5000×

别为25.8N·m·g^{-1}和16.8N·m·g^{-1}；纤维活化能为91.5kJ·mol^{-1}。

表3 鸡嗉子榕韧皮纤维物理性质

项目 / 名称	纤维密度 /g·cm^{-3}	结晶度 /%	微纤丝角 /°	零距抗张指数/N·m·g^{-1}		热重分析活化能 /kJ·mol^{-1}
				干法	湿法	
鸡嗉子榕	1.78	78.8	12~50	25.8	16.8	91.5

1.3 构属 *Broussonetia* L'Héritier ex Ventenat

1.3.1 藤构 *Broussonetia kaempferi* var. *australis* Siebold

【形态特征】

蔓生藤状灌木；树皮黑褐色；小枝伸长，幼时被浅褐色柔毛，成长脱落，见图1。叶柄长8～10毫米，被毛；叶片椭圆形或卵状椭圆形，长3.5～8厘米，宽2～3厘米，基部心形或截形，先端渐尖至尾尖，边缘具细锯齿，不裂，稀为

图1 植株（甘啟良 拍摄）

2～3裂，上面无毛，稍粗糙，下面被柔毛，见图2。花雌雄异株；雄花序短柔荑状，长1.5～2.5厘米；雄花花被片4～3，裂片外面被毛，雄蕊4～3，花药黄色，椭圆球形，退化雌蕊小；雌花集生为球形头状花序，直径4～6毫米。聚花果直径1厘米，见图3。花期4～6月，果期5～7月。

【生长环境】

多生于海拔300～1000米的山谷灌木丛中或沟边山坡路旁。

图2 叶子（甘敞良 拍摄）

图3 果实（甘敞良 拍摄）

【地理分布】

产于中国云南、四川、贵州、湖北、湖南、安徽、江西、浙江、福建、广东、广西、台湾等地区。

【用途】

韧皮纤维为造纸优良原料。

【纤维原料形貌】

藤构皮纤维原料形貌如图4。

图4 藤构皮纤维原料图

【化学组成】

表1为藤构皮的化学组成。藤构皮的灰分含量为6.96%；纤维素含量为39.06%，均

高于同科属的构（30.94%）和楮构（37.81%）；半纤维素含量为5.96%。苯醇抽出物含量为17.43%，热水抽出物含量为4.60%，酸溶木素和酸不溶木素含量分别为6.46%和9.56%，其中酸不溶木素含量明显低于同科属的构（22.47%）与楮构（18.36%）。

表1　藤构皮化学组成

组分	纤维素	半纤维素	抽出物		木素		灰分
			苯醇抽出物	热水抽出物	酸不溶木素	酸溶木素	
含量/%	39.06	5.96	17.43	4.60	9.56	6.46	6.96

【纤维原料生物结构】

图5为藤构皮的生物结构图。如图所示，藤构皮从外到内依次为表皮、周皮和韧皮部，其中韧皮部主要由韧皮纤维、韧皮薄壁细胞和韧皮射线等构成。纤维细胞壁厚、腔小，呈星散分布，与圆形或椭圆形的韧皮薄壁细胞交叉排列。韧皮射线为单

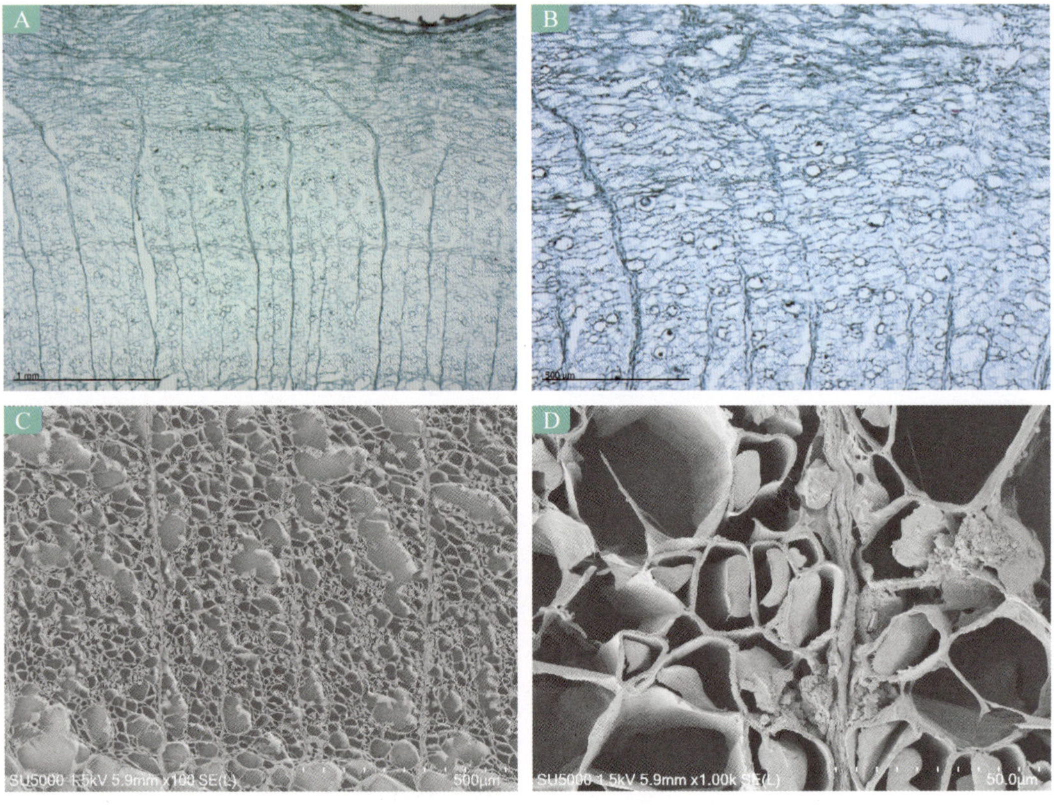

图5　藤构皮生物结构图

（**A**）超景深显微镜图（×**100**）；（**B**）超景深显微镜图（×**200**）；

（**C**）扫描电镜图（×**100**）；（**D**）扫描电镜图（×**1000**）

列，与本书列出的三种榕属植物（异叶榕、垂叶榕、鸡嗉子榕）相比，藤构的韧皮射线更长，延伸至周皮区域，且在靠近周皮处出现弯曲。

【纤维形态分析】

藤构韧皮纤维形态分析结果见表2。

表2　藤构韧皮纤维形态分析结果

<table>
<tr><td rowspan="3">项目
名称</td><td colspan="5">纤维图像分析仪</td><td colspan="3">光学显微镜法</td></tr>
<tr><td colspan="3">平均长度/mm</td><td rowspan="2">宽度/μm</td><td rowspan="2">长宽比</td><td rowspan="2">壁厚/μm</td><td rowspan="2">胞腔直径/μm</td><td rowspan="2">壁腔比</td></tr>
<tr><td>算术平均</td><td>长度加权</td><td>重量加权</td></tr>
<tr><td>藤构</td><td>0.30</td><td>1.77</td><td>4.25</td><td>22.09</td><td>80</td><td>5.28</td><td>8.64</td><td>1.22</td></tr>
</table>

注：长宽比=长度加权平均长度/宽度。

【纤维微观形貌】

图6为藤构韧皮纤维的光学显微镜图。如图所示，藤构韧皮纤维长度相差较大，经赫氏染色剂染色后呈酒红色或棕红色。纤维粗细较为均匀，端部多有弯曲，两端

图6　藤构韧皮纤维光学显微镜图

（A）40×；（B）100×；（C）200×；（D）400×

逐渐变细，端部多为尖细状。部分纤维壁上可见色浅、纹细、稀疏的横节纹；部分纤维细胞腔明显，呈细窄圆柱状；部分纤维表面附着明显胶质膜，呈浅色透明状。

图7为藤构韧皮纤维的扫描电镜图。如图所示，藤构韧皮纤维整体呈现扁平状，纤维表面存在少量褶皱。

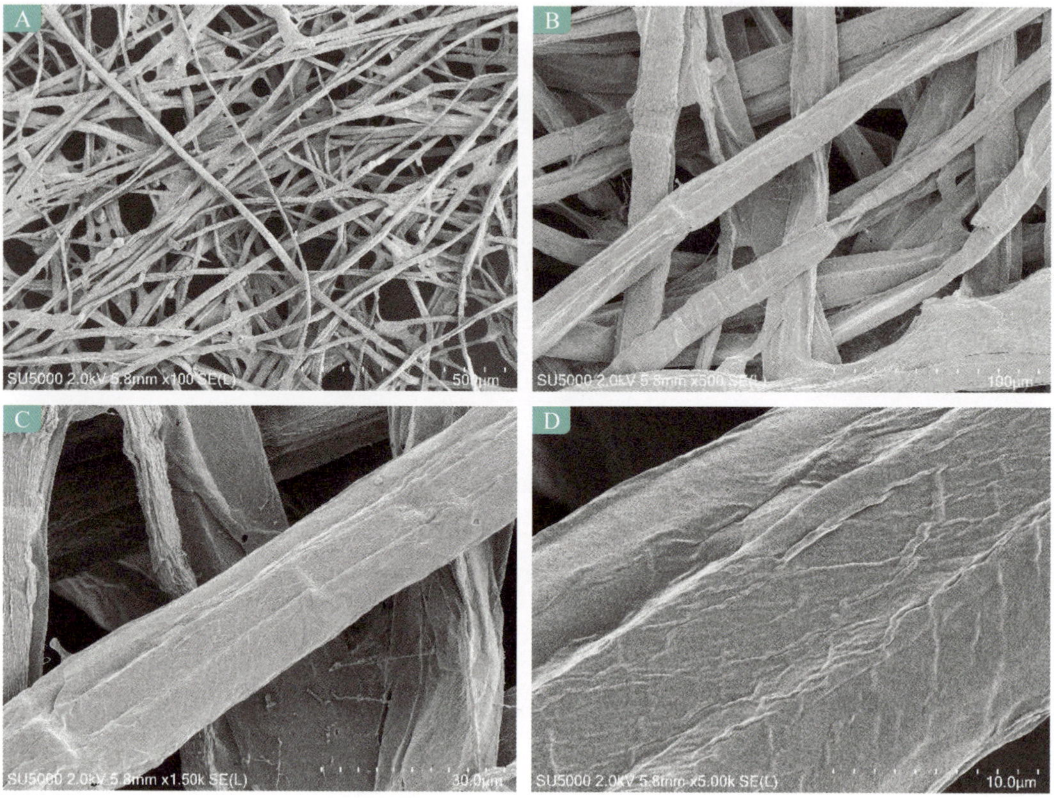

图7　藤构韧皮纤维扫描电镜图

（A）100×；（B）500×；（C）1500×；（D）5000×

【纤维物理性质】

由表3可见，藤构韧皮纤维的结晶度为86.7%；使用比重瓶法测定其纤维密度为1.57g · cm^{-3}；平均微纤丝角度为6° ～ 8°；纤维干法和湿法零距抗张指数分别为117.6N · m · g^{-1}和89.4N · m · g^{-1}；纤维活化能为134.1kJ · mol^{-1}，相较于同科属的构（122.1kJ · mol^{-1}）和楮构（131.7kJ · mol^{-1}），藤构韧皮纤维的活化能更高。

表3　藤构韧皮纤维物理性质

项目 名称	纤维密度 /g · cm^{-3}	结晶度 /%	微纤丝角 /°	零距抗张指数/N · m · g^{-1}		热重分析活化能 /kJ · mol^{-1}
				干法	湿法	
藤构	1.57	86.7	6~8	117.6	89.4	134.1

1.3.2 构 *Broussonetia papyrifera* (Linnaeus) L’Héritier ex Ventenat

【形态特征】

乔木，高10～20米；树皮暗灰色；小枝密生柔毛，见图1。托叶卵形，长1.5～2厘米，宽0.8～1厘米；叶螺旋状排列；叶柄长2.5～8厘米，密被糙毛；叶片宽卵形至狭椭圆状卵形，长6～18厘米，宽5～9厘米，基部心形，两侧常不对称，先端渐尖，边缘具粗锯齿，不分裂或在幼树3～5裂，上面粗糙，疏生糙毛，背面密被绒毛；基生叶脉三出，侧脉6～7对。花雌雄异株；雄花序为柔荑花序，长3～8厘米；苞片披针形，被毛；雄花花被4裂，裂片三角状卵形，被毛，雄蕊4，花药近球形，退化雌蕊小；雌花序球形头状，苞片棍棒状，顶端被毛，雌花花被管状，顶端与花柱合生，子房卵圆形，柱头线形，被毛。聚花果直径1.5～3厘米，成熟时橙红色，肉质，大部分被毛，散生粗壮和近倒刺毛；瘦果与果梗等长，具两列疣，外果皮壳状，见图2。花期4～5月，果期6～7月。

图1 果枝（刘成 拍摄）

图2 果实（刘成 拍摄）

【生长环境】

喜光，适应性强，耐干旱瘠薄，也能生于水边，多生于石灰岩山地，也能在酸性土及中性土壤生长。

【地理分布】

产于中国河北、河南、山东、山西、陕西、湖北、湖南、江苏、浙江、安徽、福建、江西、台湾、海南、广西、云南、贵州、四川、甘肃、西藏；在缅甸、泰国、越南、马来西亚、日本、朝鲜也有分布。

【用途】

本种韧皮纤维可作造纸材料，木材制作家具，楮实子及根、皮可供药用。

【纤维原料形貌】

构皮纤维原料形貌如图3。

图3　构皮纤维原料图

【化学组成】

表1为构皮的化学组成。构皮的灰分含量为6.96%；纤维素及半纤维素的含量分别为30.94%和6.29%；苯醇抽出物和热水抽出物的含量分别为7.30%和20.70%；酸溶木素和酸不溶木素含量分别为2.25%和22.47%。

表1　构皮化学组成

组分	纤维素	半纤维素	抽出物		木素		灰分
			苯醇抽出物	热水抽出物	酸不溶木素	酸溶木素	
含量/%	30.94	6.29	7.30	20.70	22.47	2.25	6.96

【纤维原料生物结构】

图4为构皮的生物结构图。如图所示，构皮从外到内依次为表皮、周皮和韧皮部，其中韧皮部主要由韧皮纤维、韧皮薄壁细胞和韧皮射线等构成。其中，纤维细胞壁厚、腔小，呈星散分布，和韧皮薄壁细胞交错排列，在韧皮部占比大。此外，靠近表皮处还存在着一些木质化程度更高的厚壁组织。韧皮射线为单列，且未见明显石细胞。

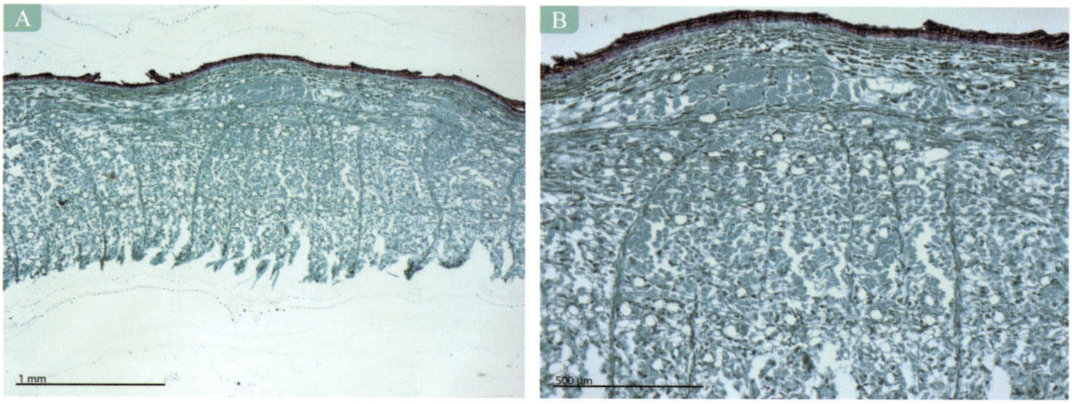

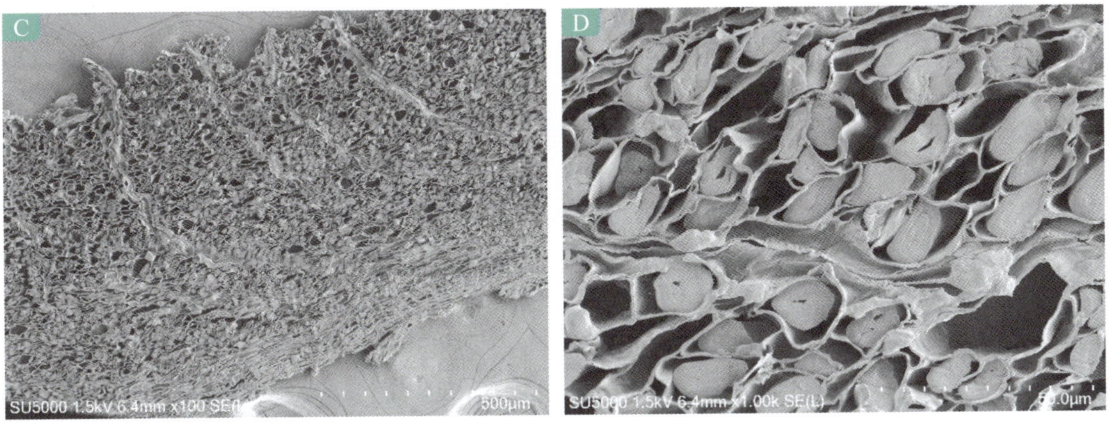

图4 构皮生物结构图

（**A**）超景深显微镜图（×**100**）；（**B**）超景深显微镜图（×**200**）

（**C**）扫描电镜图（×**100**）；（**D**）扫描电镜图（×**1000**）

【纤维形态分析】

构韧皮纤维形态分析结果见表2。

表2　构韧皮纤维形态光学显微镜法分析结果

项目 / 名称	数量平均纤维长度/mm	宽度/μm	长宽比	壁厚/μm	胞腔直径/μm	壁腔比
构	10.62	20.84	510	5.00	8.71	1.15

注：长宽比=数量平均纤维长度/宽度。

【纤维微观形貌】

图5为构韧皮纤维的光学显微镜图。如图所示，构韧皮纤维较长，经染色后纤维呈

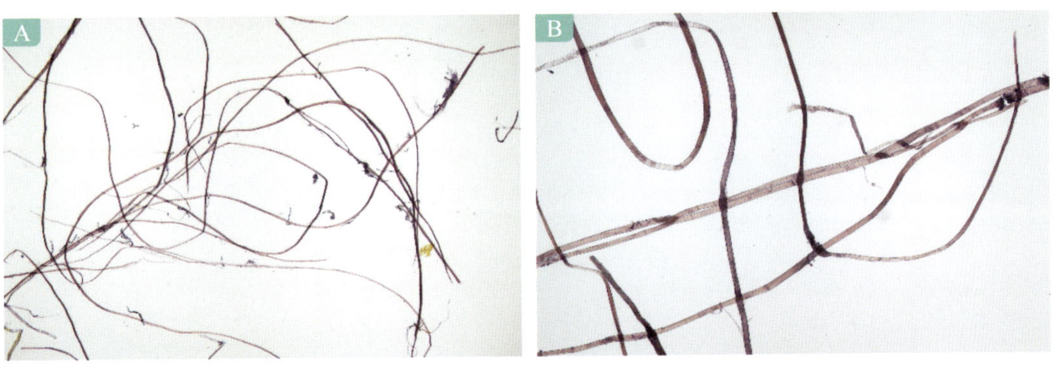

图5

（**A**）**40**×；（**B**）**100**×

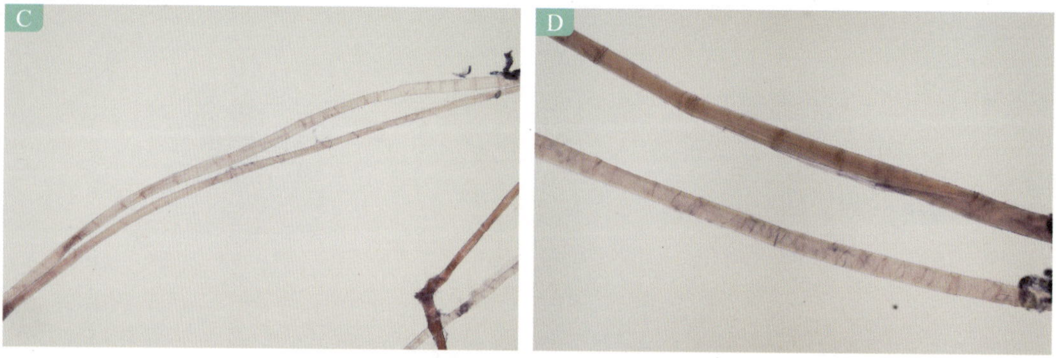

图5　构韧皮纤维光学显微镜图

（C）200×；（D）400×

棕红色。纤维整体弯曲柔软，呈圆柱状，粗细较为均匀。纤维细胞腔不明显，部分区域隐约可见。纤维表面横节纹深浅不一，颜色多偏浅，且分布不均；密集处节纹网状错开相连，稀疏处节纹间距均匀。纤维端部形态多样，以钝圆状为主，少部分呈钝尖状。

图6为构韧皮纤维的扫描电镜图。如图所示，构韧皮纤维为扁平细长状，纤维宽度较为均匀，纤维中存在少量薄壁细胞；纤维表面粗糙，褶皱明显，且分布较密集。

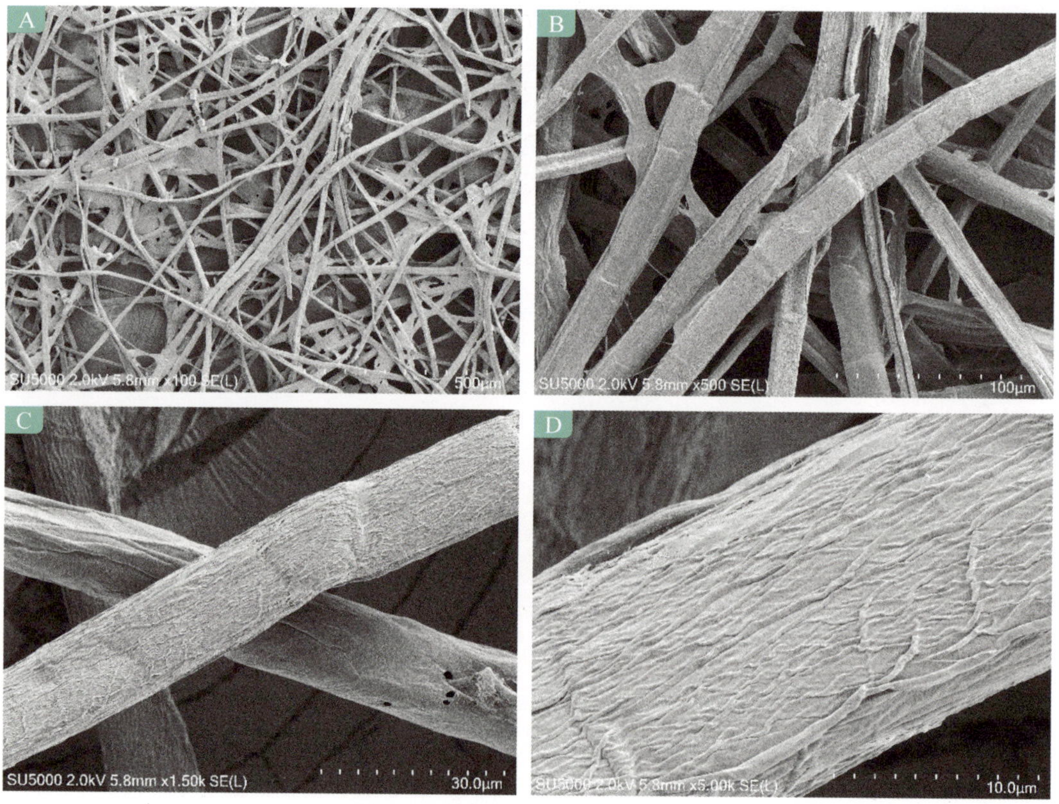

图6　构韧皮纤维扫描电镜图

（A）100×；（B）500×；（C）1500×；（D）5000×

【纤维物理性质】

如表3所示，构韧皮纤维的结晶度为87.5%，相较于同科属的藤构（86.7%）和楮构（86.0%），构韧皮纤维的结晶度略高；使用比重瓶法测定其纤维密度为1.62g·cm^{-3}；平均微纤丝角度为6°～8°；纤维干法和湿法零距抗张指数分别为114.3N·m·g^{-1}和64.1N·m·g^{-1}；纤维活化能为122.1kJ·mol^{-1}。

表3　构韧皮纤维物理性质

项目 名称	纤维密度 /g·cm^{-3}	结晶度 /%	微纤丝角 /°	零距抗张指数/N·m·g^{-1}		热重分析活化能 /kJ·mol^{-1}
				干法	湿法	
构	1.62	87.5	6~8	114.3	64.1	122.1

1.3.3　楮构 *Broussonetia kazinoki* Siebold

【形态特征】

灌木，高2～4米；小枝斜上伸展，幼时被毛，后脱落，见图1。托叶小，线状披针形，渐尖，长3～5毫米，宽0.5～1毫米；叶柄长约1厘米；叶片卵形至斜卵形，不裂或3裂，长3～7厘米，宽3～4.5厘米，基部近圆形或斜圆形，先端渐尖至尾尖，边缘具三角形锯齿，上面粗糙，背面近无毛，见图2。花雌雄同株；雄花序球形头状，直径8～10毫米；雄花花被4～3裂，裂片三角形，外面被毛，雄蕊4～3，花药椭圆形；雌花序球形，被柔毛；花被管状，顶端齿裂，或近全缘，花柱单生，仅在近中部有小乳突。聚花果球形，直径8～10毫米，有星状簇粗壮的倒钩毛；瘦果扁球形，外果皮壳状，见图3。花期4～5月，果期5～6月。

图1　植株（李永亮 拍摄）

图2　叶子（蔡杰 拍摄）

【生长环境】

生于中海拔的林缘、低山、沟边、住宅边。

【地理分布】

产于中国河南、湖北、湖南、江苏、江西、安徽、福建、广东、海南、广西、贵州、四川、云南；在日本、朝鲜也有分布。

图3　果实（蔡杰 拍摄）

【用途】

其韧皮纤维可以造纸。

【纤维原料形貌】

楮构皮纤维原料形貌如图4。

图4　楮构皮纤维原料图

【化学组成】

表1为楮构茎杆的化学组成。其中，灰分含量为7.44%；纤维素和半纤维素的含量分别为37.81%和14.04%；苯醇抽出物和热水抽出物的含量分别为9.66%和6.25%；酸溶木素和酸不溶木素含量分别为2.65%、18.36%。

表1　楮构茎杆化学组成

组分	纤维素	半纤维素	抽出物		木素		灰分
			苯醇抽出物	热水抽出物	酸不溶木素	酸溶木素	
含量/%	37.81	14.04	9.66	6.25	18.36	2.65	7.44

【纤维原料生物结构】

图5为楮构皮的生物结构图。从图中可以看出，楮构皮从外到内依次为表皮、周皮和韧皮部，其中韧皮部主要由韧皮纤维、韧皮薄壁细胞和射线细胞等构成。其中，纤维细胞腔小、壁厚，呈星散分布，与圆形或椭圆形的薄壁细胞交叉排列，在韧皮部占比大。此外，靠近表皮处还存在一些厚壁组织。韧皮射线为单列，未见明显石细胞。

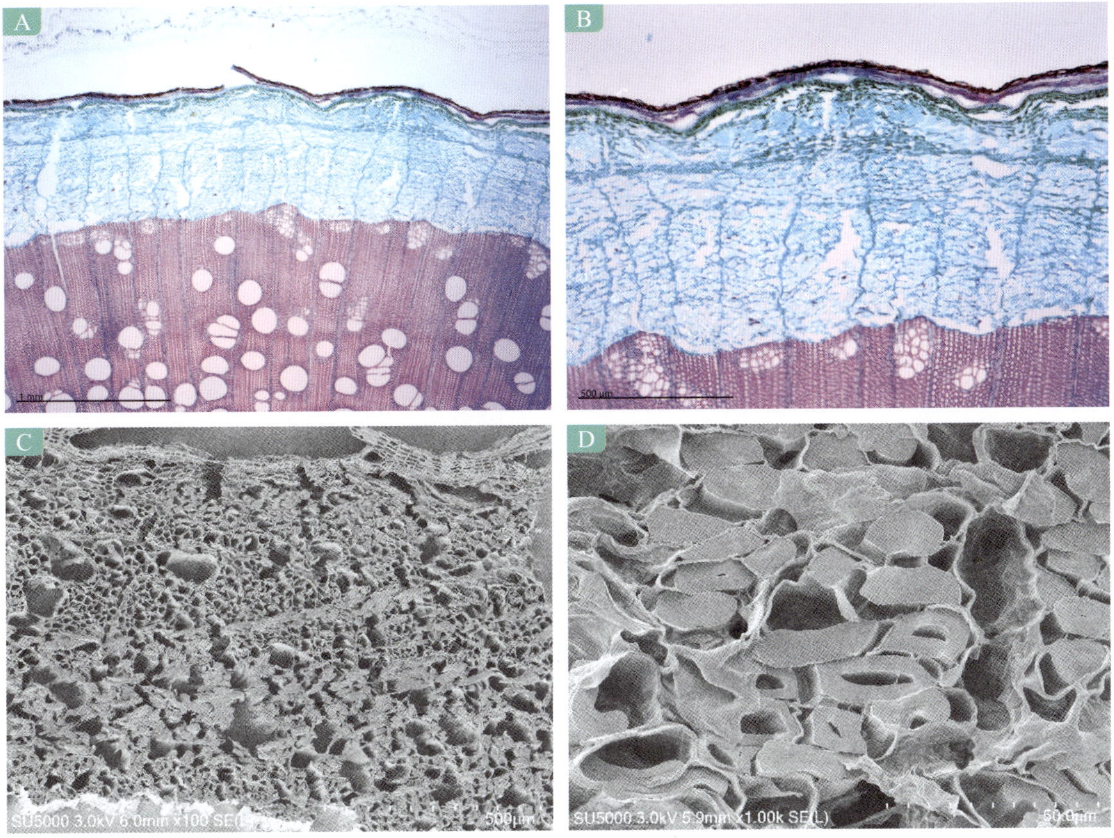

图5 楮构皮生物结构图

（A）超景深显微镜图（×100）；（B）超景深显微镜图（×200）；
（C）扫描电镜图（×100）；（D）扫描电镜图（×1000）

【纤维形态分析】

楮构韧皮纤维形态分析结果见表2。

表2 楮构韧皮纤维形态光学显微镜法分析结果

项目 / 名称	数量平均纤维长度/mm	宽度/μm	长宽比	壁厚/μm	胞腔直径/μm	壁腔比
楮构	8.65	20.47	423	3.24	4.87	1.33

注：长宽比=数量平均纤维长度/宽度。

【纤维微观形貌】

图6为楮构韧皮纤维的光学显微镜图。从图中可以看出，解离得到的楮构韧皮纤维较长，染色后呈紫红色或酒红色。纤维平直，相较于同属的藤构纤维，楮构纤

维更长。图中纤维细胞腔不明显，部分可见颜色较浅的细条状。纤维壁上有明显横节纹，部分节纹与纤维截面具有一定倾角。纤维端部与构韧皮纤维相似，多为钝尖状。

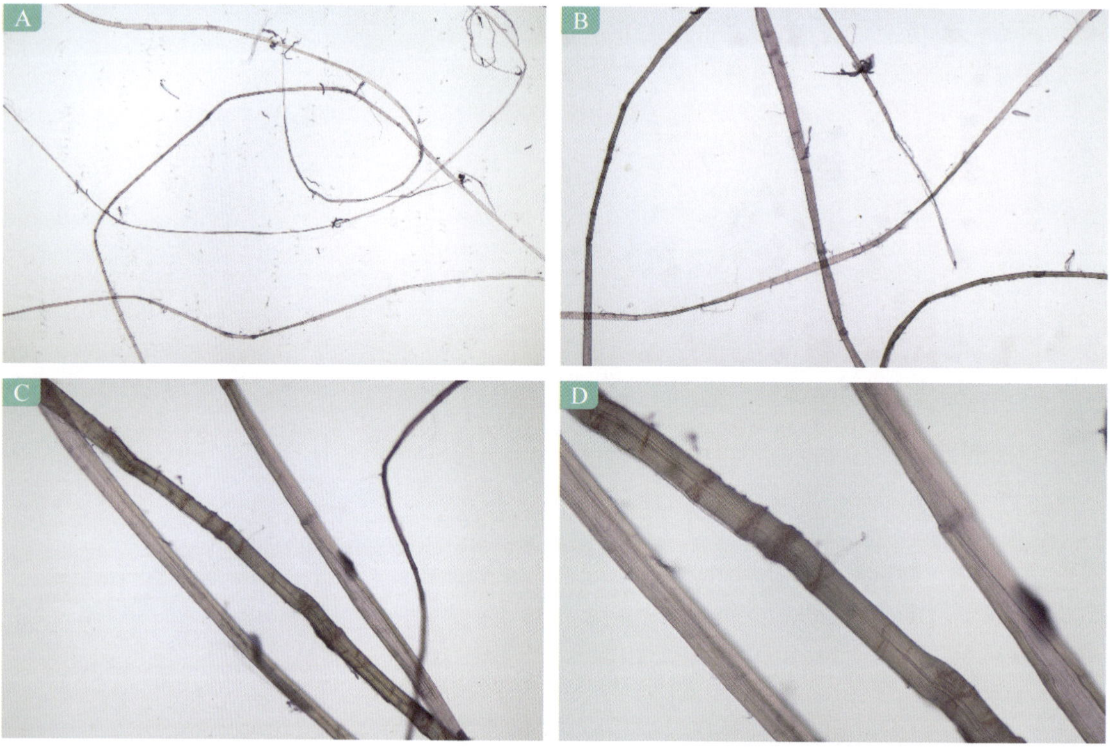

图6 楮构韧皮纤维光学显微镜图

（A）40×；（B）100×；（C）200×；（D）400×

图7为楮构韧皮纤维的扫描电镜图。如图所示，楮构韧皮纤维整体细长扁平，纤维宽度分布范围较大，部分纤维存在表面横节纹凸起现象，存在少量杂细胞。

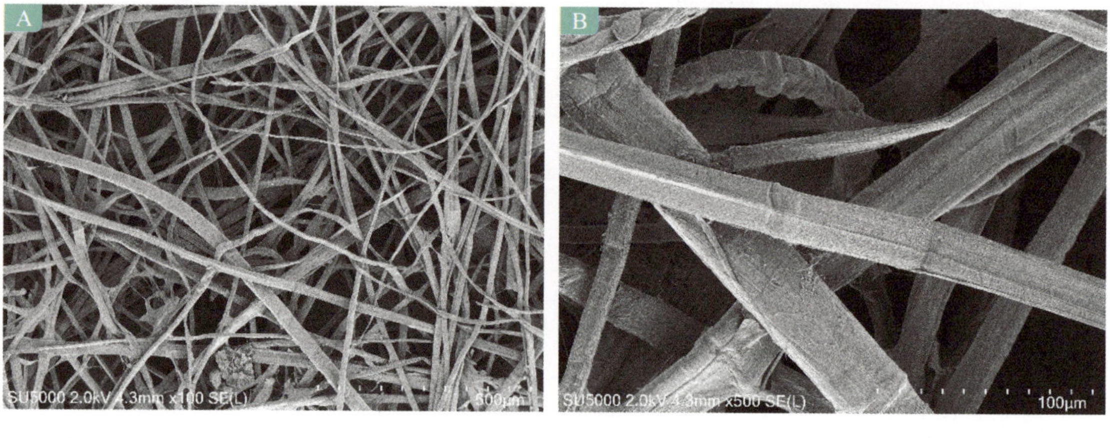

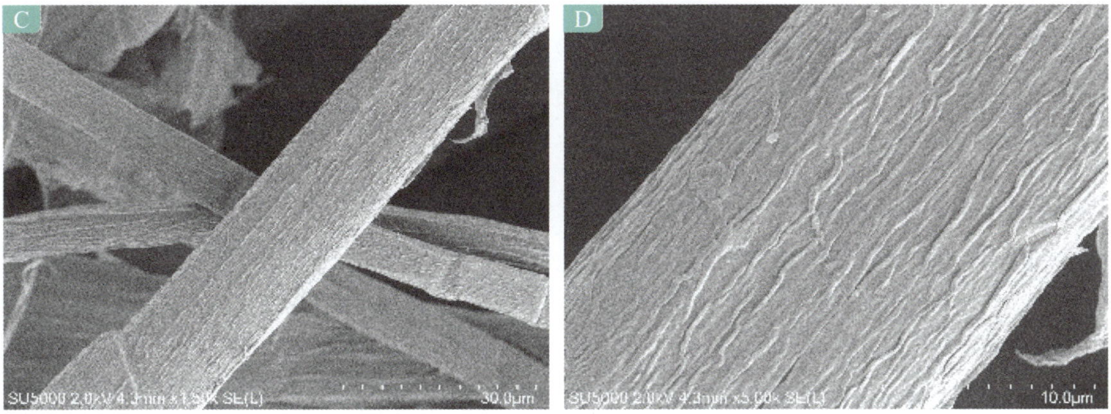

图7 楮构韧皮纤维扫描电镜图

（A）100×；（B）500×；（C）1500×；（D）5000×

【纤维物理性质】

如表3所示，楮构韧皮纤维的结晶度为86.0%；使用比重瓶法测定的纤维密度为1.51g·cm^{-3}；平均微纤丝角度为7°～9°；纤维干法和湿法零距抗张指数分别为88.8N·m·g^{-1}和42.6N·m·g^{-1}，均低于同属的藤构（117.6N·m·g^{-1}、89.4N·m·g^{-1}）和构（114.3N·m·g^{-1}、64.1N·m·g^{-1}）；纤维活化能为131.7kJ·mol^{-1}。

表3　楮构韧皮纤维物理性质

项目 名称	纤维密度 /g·cm^{-3}	结晶度 /%	微纤丝角 /°	零距抗张指数/N·m·g^{-1}		热重分析活化能 /kJ·mol^{-1}
				干法	湿法	
楮构	1.51	86.0	7~9	88.8	42.6	131.7

中国野生植物韧皮纤维特性及显微图谱
Characteristics and Microscopic Atlas of Phloem Fibers from Chinese Wild Plants

第2章

瑞香科

Thymelaeaceae

2.1 瑞香属
2.2 荛花属
2.3 鼠皮树属
2.4 结香属
2.5 沉香属

2.1 瑞香属*Daphne* Linnaeus

2.1.1 长瓣瑞香*Daphne longilobata* (Lecomte) Turrill

【形态特征】

常绿直立灌木，高达1.5米；枝浅绿色，有时略带紫色的棕色，纤细短柔毛，见图1。叶互生；叶柄0.5～2(～3）毫米，无毛；叶片披针形或倒披针形，长1.5～4.5（～9）厘米，宽0.6～1.1（～2）厘米，纸质，两面无毛，有时幼时顶端具1束毛，基部狭楔形，边缘有时稍外卷，先端钝或钝圆形，稀细尖或微凹；叶脉6～9对。花序顶生，3～5（或6）花；花序梗0.8～1厘米，被毛，无苞片；花梗1（～3）毫米，被毛；花萼浅绿色，具白色的或非常浅的奶油色裂片；花筒圆筒状，8～10（～14）毫米，外被短柔毛；裂片4，不等长，长5～7毫米，宽2～2.5（～3.5）毫米，背面光滑，先端长渐尖；雄蕊8，下面一轮着生在萼筒中部以下，上面一轮着生在萼筒喉部和中部之间，花丝长约0.5毫米，花药长圆形，约1.5毫米，花粉橙色；花盘环状，边缘波状；子房卵形，长约2毫米，无毛，花柱短，柱头头状，见图2。核果猩红色，卵球形，8～12毫米，见图3。花期6～7月，果期8～12。

图1 植株（刘成 拍摄）

图2 花（刘成 拍摄）

图3 果实（刘成 拍摄）

【生长环境】

生于海拔1600～3500米的森林、灌木状山坡和岩石间。

【地理分布】

产于中国四川、西藏和云南。

【用途】

茎皮纤维强韧，可造纸。

【纤维原料形貌】

长瓣瑞香皮纤维原料形貌如图4。

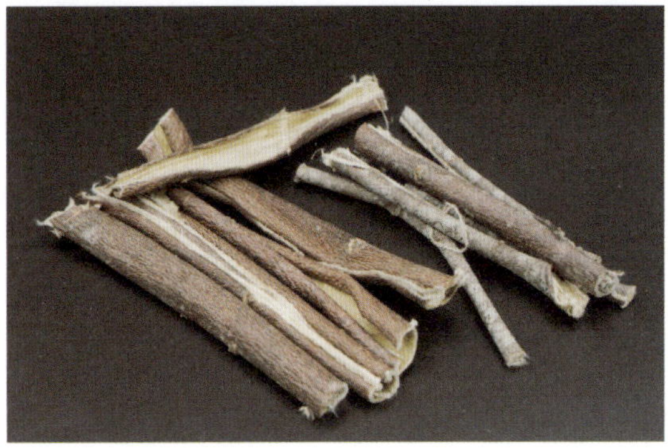

图4 长瓣瑞香皮纤维原料图

【化学组成】

表1为长瓣瑞香皮的化学组成。长瓣瑞香皮的灰分含量为4.07%；纤维素及半纤维素的含量分别为18.55%和9.40%；苯醇抽出物和热水抽出物的含量分别为9.51%和20.64%；酸溶木素和酸不溶木素含量分别为2.08%和16.63%。

表1 长瓣瑞香皮化学组成

组分	纤维素	半纤维素	抽出物		木素		灰分
			苯醇抽出物	热水抽出物	酸不溶木素	酸溶木素	
含量/%	18.55	9.40	9.51	20.64	16.63	2.08	4.07

【纤维原料生物结构】

图5为长瓣瑞香皮的生物结构图。从图中可以看出，长瓣瑞香皮从外到内依次为

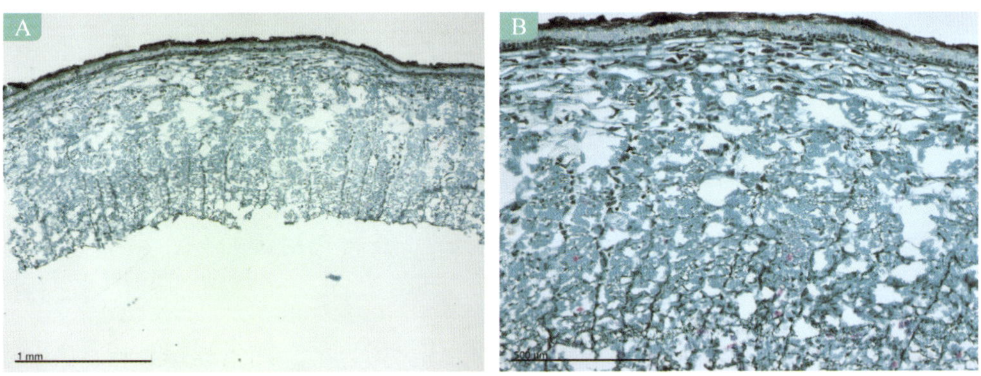

图5

(**A**) 超景深显微镜图（×**100**）；(**B**) 超景深显微镜图（×**200**）

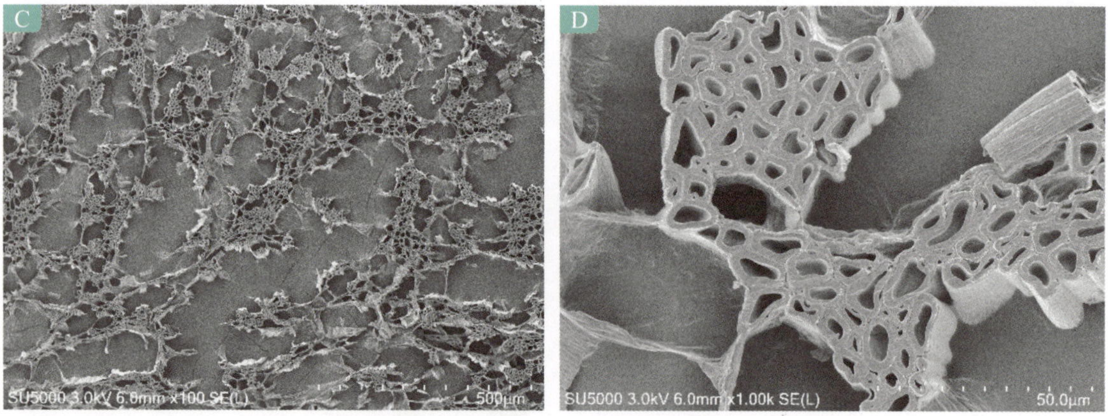

图5　长瓣瑞香皮生物结构图

（**C**）扫描电镜图（×**100**）；（**D**）扫描电镜图（×**1000**）

表皮、周皮和韧皮部，其中韧皮部主要由韧皮纤维、韧皮薄壁细胞和韧皮射线细胞等构成。纤维细胞壁薄、腔大，呈团簇状分布，在韧皮部占比大。韧皮薄壁细胞则分散在这些纤维群体之间。韧皮射线为单列且长度较短。

【纤维形态分析】

长瓣瑞香韧皮纤维形态分析结果见表2。

表2　长瓣瑞香韧皮纤维形态分析结果

项目 / 名称	纤维图像分析仪					光学显微镜法		
	平均长度/mm			宽度/μm	长宽比	壁厚/μm	胞腔直径/μm	壁腔比
	算术平均	长度加权	重量加权					
长瓣瑞香	0.57	2.17	3.40	18.46	118	1.97	6.10	0.65

注：长宽比=长度加权平均长度/宽度。

【纤维微观形貌】

图6为长瓣瑞香韧皮纤维的光学显微镜图。从图中可以看出，解离得到的长瓣瑞香韧皮纤维经染色后呈蓝紫色。纤维整体细长且均匀，部分纤维中段有轻微加宽现象。纤维两端逐渐变细，端部多呈钝圆状。纤维表面有清晰可见、粗细不一的横节纹，其中密集的细横节纹较多且间距不均。

图7为长瓣瑞香韧皮纤维的扫描电镜图。如图所示，长瓣瑞香韧皮纤维整体细长，宽度均匀，纤维表面存在褶皱，有少量杂细胞分布。

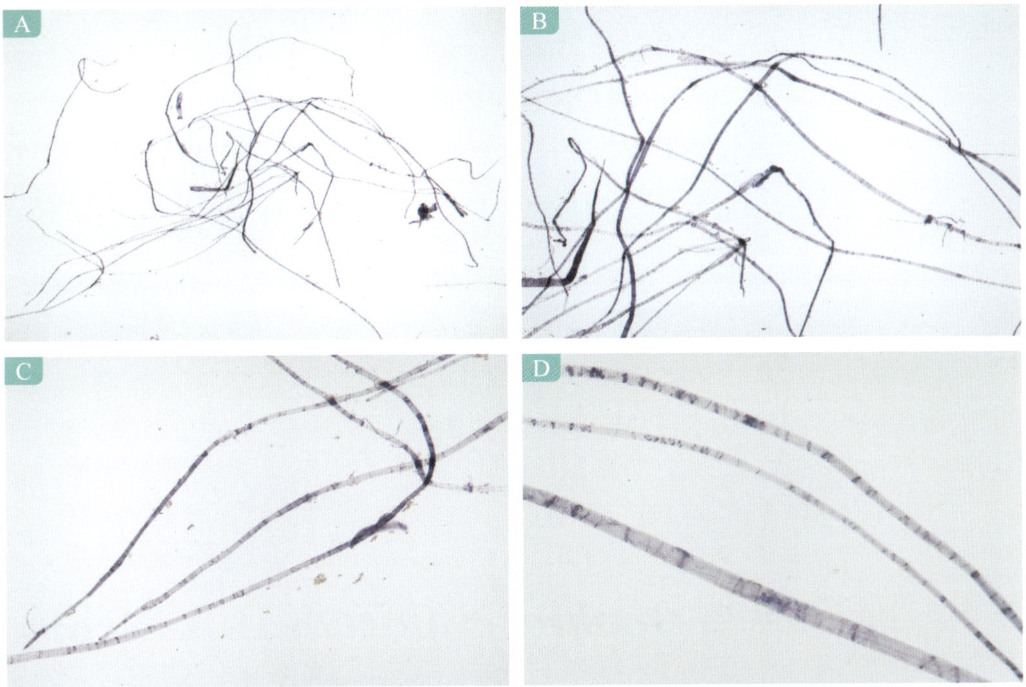

图6　长瓣瑞香韧皮纤维光学显微镜图

（A）40×；（B）100×；（C）200×；（D）400×

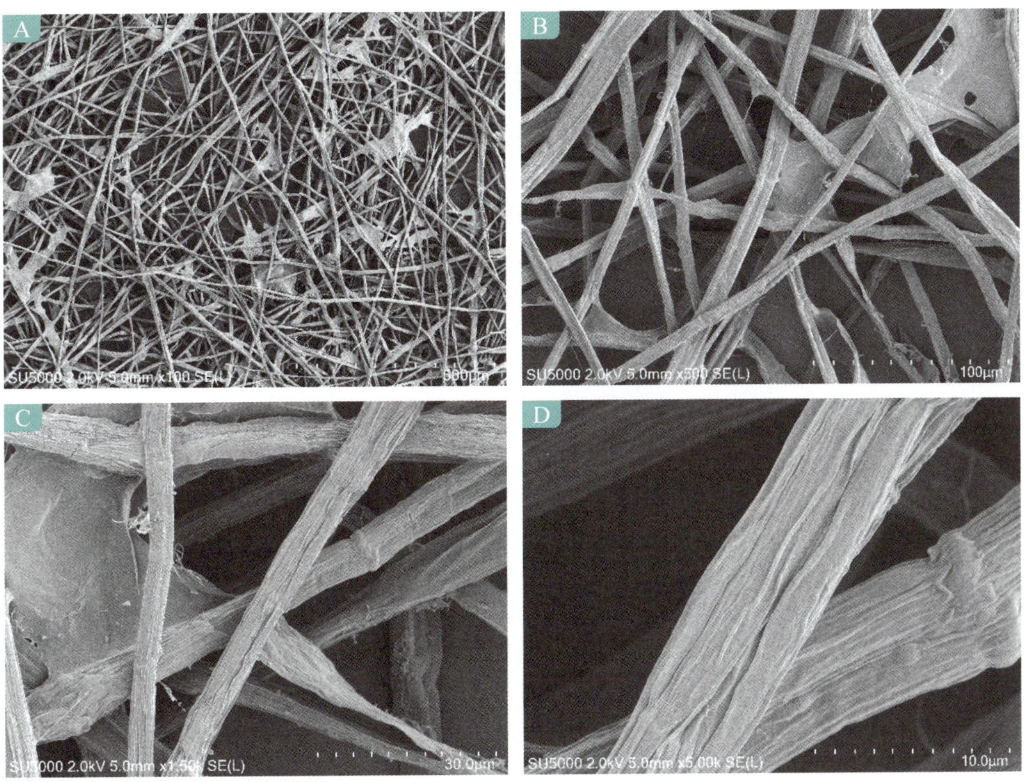

图7　长瓣瑞香韧皮纤维扫描电镜图

（A）100×；（B）500×；（C）1500×；（D）5000×

【纤维物理性质】

如表3所示，长瓣瑞香韧皮纤维的结晶度为77.1%；使用比重瓶法测定的纤维密度为1.55g · cm^{-3}；平均微纤丝角度为24°～41°；纤维干法和湿法零距抗张指数为146.1 N · m · g^{-1}和109.4N · m · g^{-1}；纤维活化能为121.9kJ · mol^{-1}，相较于同科属的穗花瑞香（106.7kJ · mol^{-1}）和短管瑞香（104.8kJ · mol^{-1}），长瓣瑞香韧皮纤维的活化能更高。

表3　长瓣瑞香韧皮纤维物理性质

项目 / 名称	纤维密度 /g · cm^{-3}	结晶度 /%	微纤丝角 /°	零距抗张指数/N · m · g^{-1}		热重分析活化能 /kJ · mol^{-1}
				干法	湿法	
长瓣瑞香	1.55	77.1	24~41	146.1	109.4	121.9

2.1.2　穗花瑞香 *Daphne esquirolii* H. Léveillé

【形态特征】

落叶直立灌木，高0.5～1.2米；二叉分枝，无毛，当年生枝绿色，圆柱形，顶端微具棱角，一年生枝黄褐色，多年生枝棕色或灰黄色，见图1。叶互生；叶柄无毛，长1～3毫米，上面具宽沟；叶片膜质，倒卵形或倒卵状长圆形，长2.5～7.5厘米，宽1.4～3.2厘米，基部楔形，先端圆形，稀微急尖，边缘全缘，上面黄绿色，下面灰白色或粉白色，两面无毛；中脉在上面微凹下或扁平，下面隆起，侧脉6～12对，近白色，在近叶缘分叉而通常互相网结，两面均隆起，见图2。花黄色，穗状花序顶生或腋生，长达6厘米，具几朵至许多花；花序梗粗壮，无毛，长1～3厘米；花梗极短，无毛；花被片橙黄色；花萼筒狭圆筒状，长8～15毫米，无毛，裂片5，宽卵形或长圆状宽卵形，长3～5毫米，先端钝形；雄蕊10，2轮，下面一轮着生于花萼筒的中部，花丝长0.5～0.75毫米，上面一轮着生于花萼筒喉部稍下；花药稍超过喉部，花丝长0.2～0.5毫米，花药长圆形，长2毫米；花盘近四方形，顶端截形至深2裂；子房近圆柱形，长3～5毫米，被稀疏短柔毛；花柱极短，柱头头状，顶端凹下，边缘微裂，见图3。果实未见。花期5月，果期不详。

图1　植株（郭永杰 拍摄）

图2　叶子背面（郭永杰 拍摄）

图3　花（郭永杰 拍摄）

【生长环境】

生于海拔700～2000（～3400）米的山坡或沟谷。

【地理分布】

产于中国四川西南部至云南东北部。

【纤维原料形貌】

穗花瑞香皮纤维原料形貌如图4。

图4　穗花瑞香皮纤维原料图

【化学组成】

表1为穗花瑞香茎杆的化学组成。其中，灰分含量为3.51%；纤维素及半纤维素的含量分别为18.38%和8.07%；苯醇抽出物和热水抽出物的含量分别为12.38%和12.50%；酸溶木素含量为1.87%，酸不溶木素含量为20.53%。

表1　穗花瑞香茎杆化学组成

组分	纤维素	半纤维素	抽出物		木素		灰分
			苯醇抽出物	热水抽出物	酸不溶木素	酸溶木素	
含量/%	18.38	8.07	12.38	12.50	20.53	1.87	3.51

【纤维原料生物结构】

图5为穗花瑞香皮的生物结构图。从图中可以看出，穗花瑞香皮从外到内依次为表皮、周皮和韧皮部，其中韧皮部主要由韧皮纤维、韧皮薄壁细胞和韧皮射线等

构成。纤维细胞壁薄、腔大，呈零散分布，与薄壁细胞交错排列。纤维细胞聚集成团，每个纤维群体所含纤维数量明显小于同科属的长瓣瑞香。此外，韧皮射线为单列。

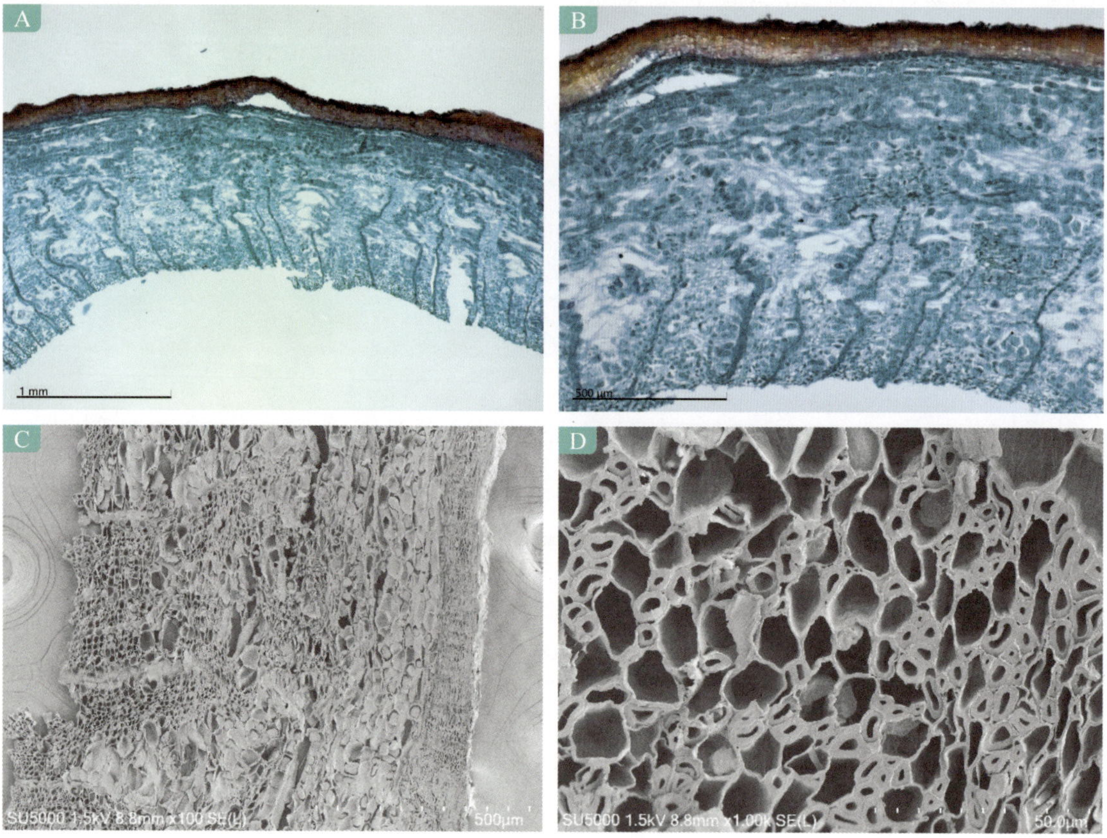

图5 穗花瑞香皮生物结构图

(**A**) 超景深显微镜图（×**100**）；(**B**) 超景深显微镜图（×**200**）；
(**C**) 扫描电镜图（×**100**）；(**D**) 扫描电镜图（×**1000**）

【纤维形态分析】

穗花瑞香韧皮纤维形态分析结果见表2。

表2　穗花瑞香韧皮纤维形态显微镜法分析结果

项目 名称	数量平均纤维长度/mm	宽度/μm	长宽比	壁厚/μm	胞腔直径/μm	壁腔比
穗花瑞香	4.93	7.07	697	2.02	3.99	1.01

注：长宽比=数量平均纤维长度/宽度。

【纤维微观形貌】

图6为穗花瑞香韧皮纤维的光学显微镜图。从图中可以看出，解离得到的穗花瑞香韧皮纤维长度较长，经赫氏染色剂染色后呈蓝紫色。纤维整体比较纤细柔长，容易缠绕，多弯曲，粗细均匀。纤维端部多呈钝圆形，少部分呈扁棒状、钝尖状。纤维表面横节纹明显，多为间距均匀的深节纹。

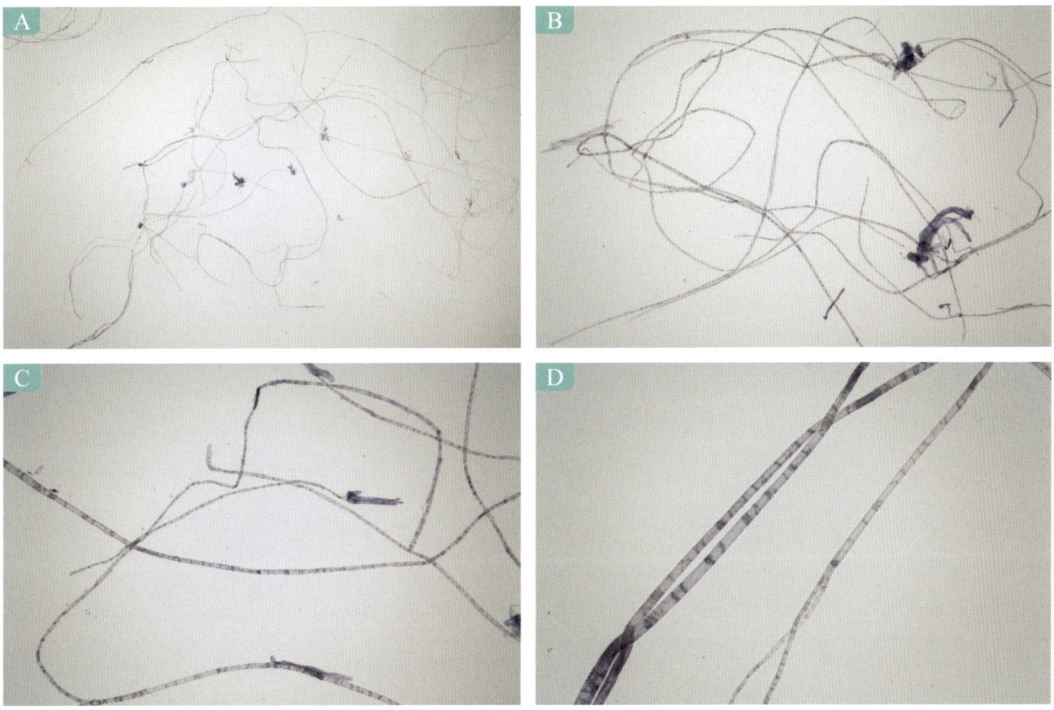

图6　穗花瑞香韧皮纤维光学显微镜图

（A）40×；（B）100×；（C）200×；（D）400×

图7为穗花瑞香韧皮纤维的扫描电镜图。从图中可以看出，穗花瑞香韧皮纤维柔

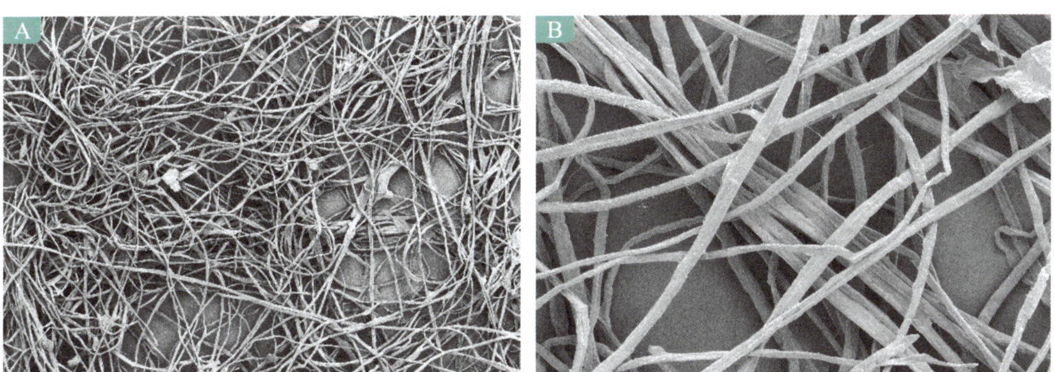

图7

（A）100×；（B）500×

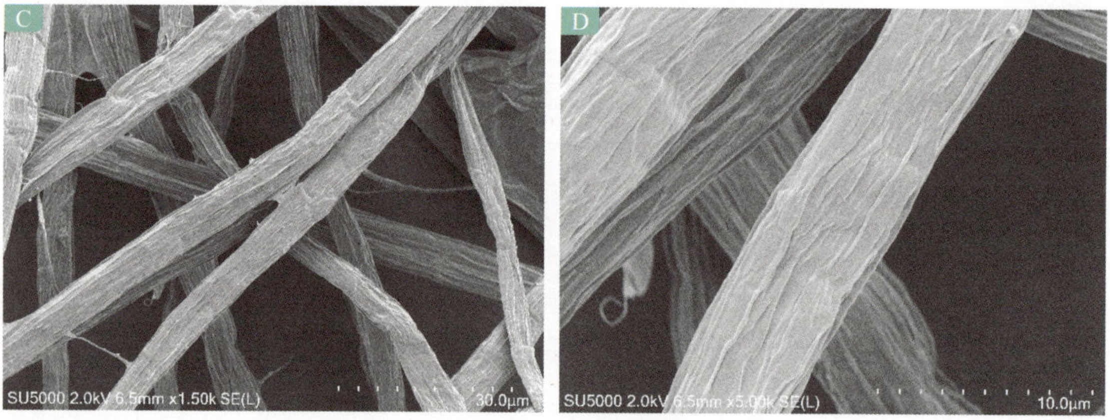

图7 穗花瑞香韧皮纤维扫描电镜图

（C）1500×；（D）5000×

软细长，纤维宽窄均匀，纤维间存在堆叠缠绕；纤维表面粗糙，纵向波纹状褶清晰可见。

【纤维物理性质】

由表3可见，穗花瑞香韧皮纤维的结晶度为75.7%；使用比重瓶法测定的纤维密度为1.53g·cm^{-3}；平均微纤丝角度为36°～53°；纤维干法和湿法零距抗张指数分别为146.3N·m·g^{-1}和79.3N·m·g^{-1}；纤维活化能为106.7kJ·mol^{-1}。

表3　穗花瑞香韧皮纤维物理性质

项目 名称	纤维密度 /g·cm^{-3}	结晶度 /%	微纤丝角 /°	零距抗张指数/N·m·g^{-1}		热重分析活化能 /kJ·mol^{-1}
				干法	湿法	
穗花瑞香	1.53	75.7	36~53	146.3	79.3	106.7

2.1.3　短管瑞香 *Daphne brevituba* H. F. Zhou ex C. Y. Chang

【形态特征】

常绿直立灌木，高达1米；当年生枝纤细，被灰黄色或淡黄色绒毛，淡褐色，近圆柱形，多年生枝深棕色或棕褐色，圆柱形，微具纵棱，见图1。叶互生，通常密集着生于小枝顶端；叶柄短，长1～2毫米，无毛；叶片薄革质或纸质，基部狭楔形，顶部钝形或圆形，通常微凹，倒披针形或倒卵状披针形，长2.5～6厘米，宽0.8～1.6厘米，边缘全缘，微反卷，上面绿色，下面淡绿色，两面无毛；中脉纤细，在上面凹下，下面显著隆起，侧脉7～11对，斜直上升，有时近边缘微分叉，上面不甚明显，下面微隆起。花序顶生，常3～5花；苞片窄披针形或倒卵状披针形，长8～12毫米，宽2.5毫米，顶端圆形；花芳香；花梗短，长约1毫米，密被黄褐色绒毛；花萼白色，萼筒壶状，长3～5毫米，直径达2.5毫米，外面疏生灰白色短绒毛，有的近于无毛，裂片4，卵形或卵状椭圆形，长2.5～3.5毫米，先端渐尖或钝形；雄蕊8，2轮，下面一轮着生于花萼筒中部，上面一轮着生于花萼筒的喉部，花丝短，花药宽卵状椭圆形，长约1毫米；花盘环状，发育不全，极窄，边缘流苏状；子房长圆状锥形，无毛，花柱粗短，柱头头状，顶端下凹，具短乳头状突起，见图2。果实长圆锥状，长7毫米，宽5毫米，无毛，柱头宿存，成熟时红色。花期3～4月，果期4～5月。

图1 植株（郭永杰 拍摄）

图2 花（马小磊 拍摄）

【生长环境】

生于海拔2000米左右的山谷疏林中。

【地理分布】

产于中国云南西部（鹤庆、易门）。

【纤维原料形貌】

短管瑞香皮纤维原料形貌如图3。

图3 短管瑞香皮纤维原料图

【化学组成】

表1为短管瑞香茎杆的化学组成。其中，灰分含量为3.72%；纤维素及半纤维素的含量分别为29.82%和18.83%；短管瑞香皮苯醇抽出物和热水抽出物的含量分别为

12.90%和21.22%；酸溶木素和酸不溶木素含量分别为1.13%和16.21%。

表1　短管瑞香茎杆化学组成

组分	纤维素	半纤维素	抽出物		木素		灰分
			苯醇抽出物	热水抽出物	酸不溶木素	酸溶木素	
含量/%	29.82	18.83	12.90	21.22	16.21	1.13	3.72

【纤维原料生物结构】

图4为短管瑞香皮的生物结构图。从图中可以看出，短管瑞香皮从外到内依次为表皮、周皮和韧皮部，其中韧皮部主要由韧皮纤维、韧皮薄壁细胞和韧皮射线等构成。纤维细胞腔小、壁厚，呈星散分布，和韧皮薄壁细胞交错排列。纤维细胞多分布于远离表皮一侧。还存在一些木质化程度较高的纤维零散分布于韧皮部内侧，经过染色后，在光学纤维镜下呈与其他纤维不同的红色。韧皮射线为单列，无明显石细胞。

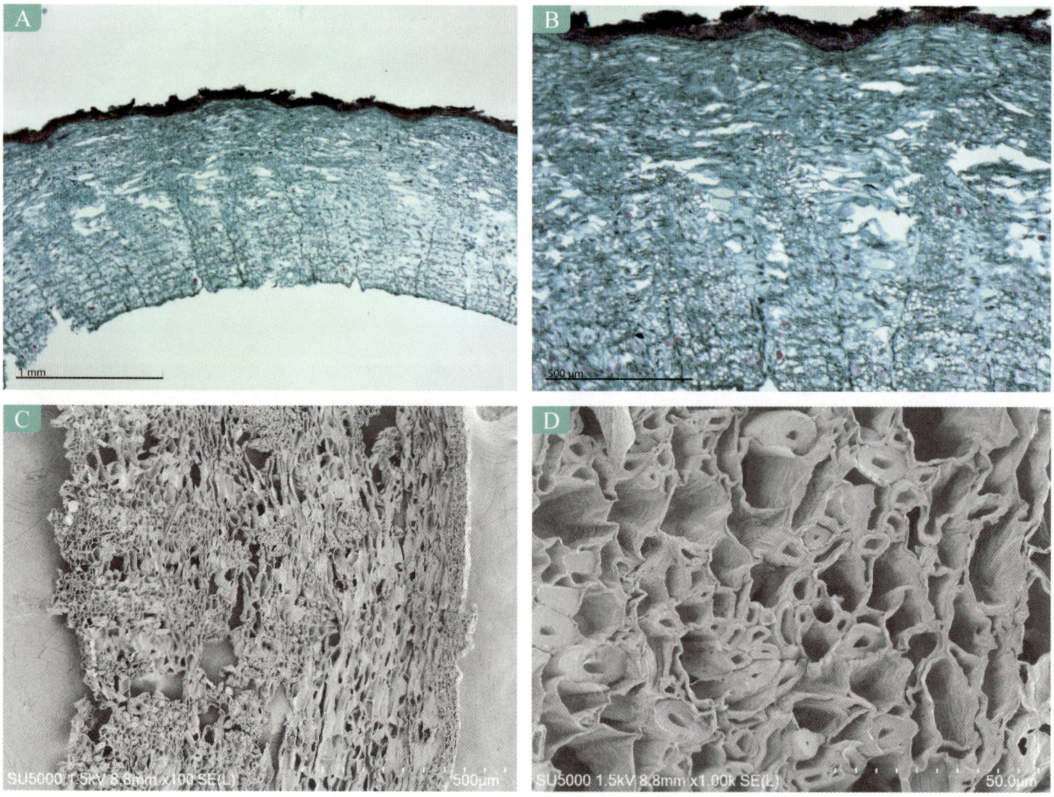

图4　短管瑞香皮生物结构图

（**A**）超景深显微镜图（×**100**）；（**B**）超景深显微镜图（×**200**）；
（**C**）扫描电镜图（×**100**）；（**D**）扫描电镜图（×**1000**）

【纤维形态分析】

短管瑞香韧皮纤维形态分析结果见表2。

表2　短管瑞香韧皮纤维形态分析结果

项目 名称	纤维图像分析仪					光学显微镜法		
	平均长度/mm			宽度/μm	长宽比	壁厚/μm	胞腔直径/μm	壁腔比
	算术平均	长度加权	重量加权					
短管瑞香	0.53	1.95	3.19	17.53	111	3.73	4.11	1.82

注：长宽比＝长度加权平均长度/宽度。

【纤维微观形貌】

图5为短管瑞香韧皮纤维的光学显微镜图。如图所示，短管瑞香韧皮纤维长度中等，相较于同科属的长瓣瑞香和穗花瑞香，其纤维长度较短。经赫氏染色剂染色后，纤维呈蓝紫色，粗细均匀。部分纤维中部有明显变宽现象，纤维两端渐细，端部多为

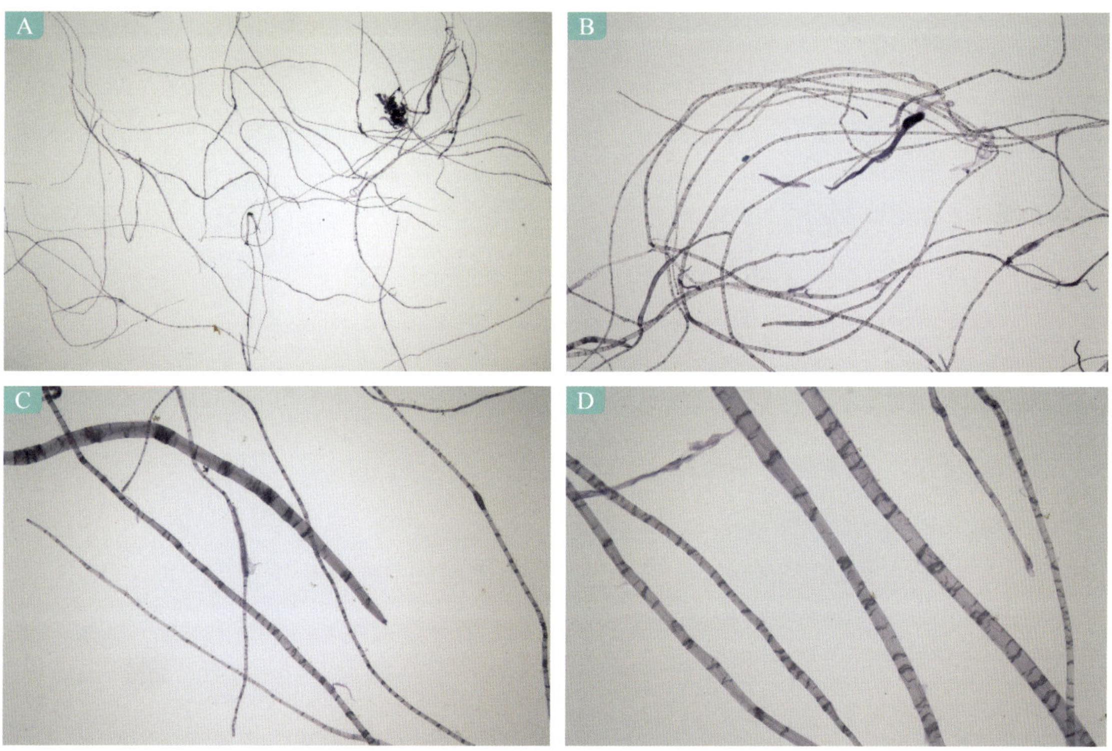

图5　短管瑞香韧皮纤维光学显微镜图

（A）40×；（B）100×；（C）200×；（D）400×

钝圆状，少部分为钝尖状。部分纤维可见细胞腔，纤维加宽部分细胞腔更为清晰，且分界明显。纤维表面横节纹清晰可见，间距较均匀。

图6为短管瑞香韧皮纤维的扫描电镜图。如图所示，短管瑞香韧皮纤维整体形态较为细长，存在较多杂细胞，与长瓣瑞香纤维和穗花瑞香纤维的形态较为相似。

图6 短管瑞香韧皮纤维扫描电镜图

（A）100×；（B）500×；（C）1500×；（D）5000×

【纤维物理性质】

由表3可见，短管瑞香韧皮纤维的结晶度为75.6%；使用比重瓶法测定的纤维密度为1.54g·cm^{-3}；平均微纤丝角度为32°～59°；纤维干法和湿法零距抗张指数分别为123.0N·m·g^{-1}和58.6N·m·g^{-1}；纤维活化能为104.8kJ·mol^{-1}。

表3 短管瑞香韧皮纤维物理性质

项目 名称	纤维密度 /g·cm^{-3}	结晶度 /%	微纤丝角 /°	零距抗张指数/N·m·g^{-1}		热重分析活化能 /kJ·mol^{-1}
				干法	湿法	
短管瑞香	1.54	75.6	32~59	123.0	58.6	104.8

2.2 荛花属 *Wikstroemia* Endlicher

2.2.1 细轴荛花 *Wikstroemia nutans* Champion ex Bentham

【形态特征】

灌木，高1～2米或更高，树皮暗褐色；小枝圆柱形，红褐色，无毛，见图1。叶对生或互生；叶柄长约2毫米，无毛；叶片膜质至纸质，上面绿色至棕绿色，下面淡绿白色，两面均无毛，卵形、卵状椭圆形至卵状披针形，长3～6（～8.5）厘米，宽1.5～2.5（～4）厘米，基部楔形或近圆形，先端渐尖；侧脉每边6～12条，纤细，见图2。短总状花序顶生，常下垂，3～8朵花；花序梗纤细，无毛，长约0.7～3厘米；花梗0.5～2毫米。花瓣黄绿色或粉红色；萼筒长约（1～）1.3～1.6厘米，基部稍膨大，无毛，4裂，裂片椭圆形，长约3毫米；雄蕊8，2列，下面一列着生在花萼筒中部以上，上面一列着生在萼筒的喉部，花丝短，长约0.5毫米，花药线形，长约1.5～2毫米；花盘鳞片2枚，每枚的中间有1隔膜，故像4枚；子房具柄，倒卵形，长约1.5毫米，顶端被毛，花柱极短，柱头头状。果椭圆形，长约7毫米，直径约4.5毫米，成熟时深红色，见图3。花期春季至初夏，果期夏季至秋季。

图1 植株（项舟洋 拍摄）

图2 叶子（刘博 拍摄）

图3 果实（刘博 拍摄）

【生长环境】

常见于海拔300～1500（～1700）米的森林、山坡、沟谷、路边。

【地理分布】

产于中国广东、海南、广西、湖南、江西、福建、台湾；在越南也有分布。

【用途】

纤维可制高级纸及人造棉。药用祛风、散血、止痛。

【纤维原料形貌】

细轴荛花皮纤维原料形貌如图4。

图4 细轴荛花皮纤维原料图

【化学组成】

表1为细轴荛花皮的化学组成。细轴荛花皮的灰分含量为3.67%；纤维素及半纤维素的含量分别为37.14%和27.44%；苯醇抽出物和热水抽出物的含量分别为7.02%和9.82%；酸溶木素和酸不溶木素含量分别为1.77%和17.11%。

表1　细轴荛花皮化学组成

组分	纤维素	半纤维素	抽出物		木素		灰分
			苯醇抽出物	热水抽出物	酸不溶木素	酸溶木素	
含量/%	37.14	27.44	7.02	9.82	17.11	1.77	3.67

【纤维原料生物结构】

图5为细轴荛花皮的生物结构图。从图中可以看出，细轴荛花皮从外到内依次为表皮、周皮和韧皮部，其中韧皮部主要由韧皮纤维、韧皮薄壁细胞和韧皮射线等构成。纤维细胞壁薄、腔大，排列紧密，呈纤维束状分布于韧皮部，且在韧皮部所占比例较高；其分布密度自表皮向内侧呈递增趋势。薄壁细胞分布在纤维束之间，形成一定的脉络将韧皮纤维隔开。射线细胞呈单列，且未见明显石细胞。

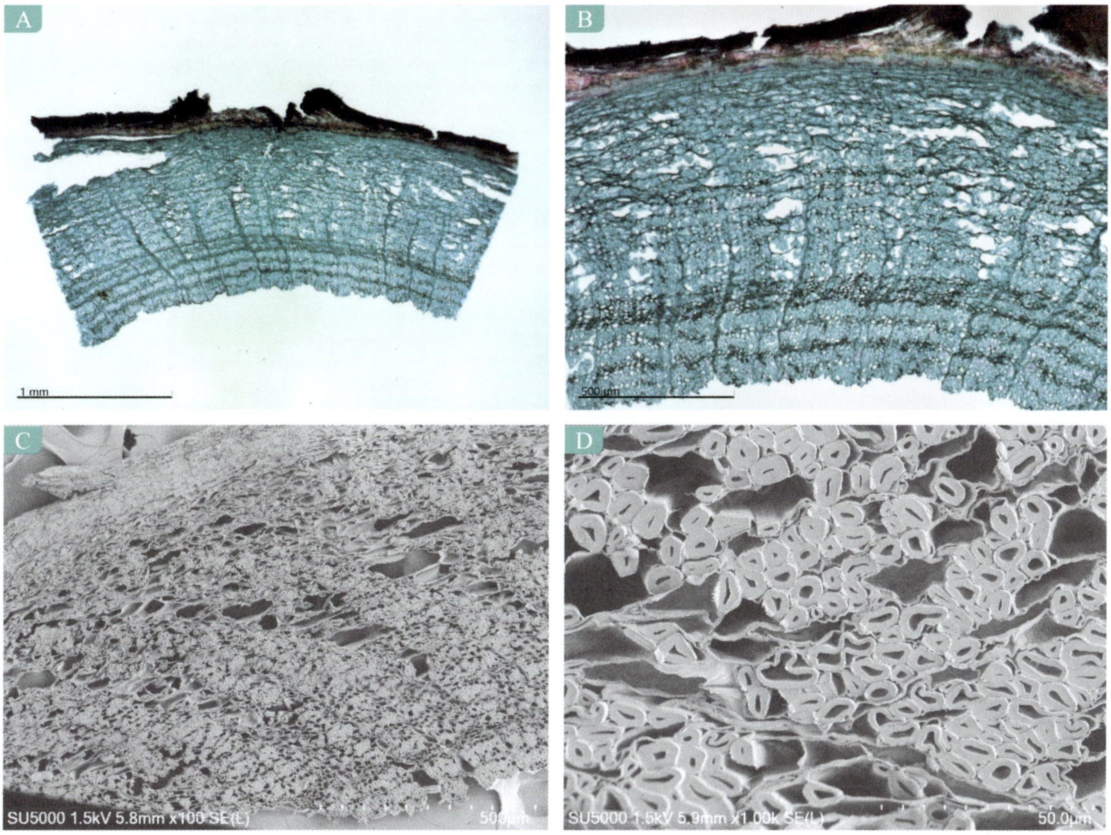

图5　细轴荛花皮生物结构图

（**A**）超景深显微镜图（×**100**）；（**B**）超景深显微镜图（×**200**）；
（**C**）扫描电镜图（×**100**）；（**D**）扫描电镜图（×**1000**）

【纤维形态分析】

细轴荛花韧皮纤维形态分析结果见表2。

表2　细轴荛花韧皮纤维形态显微镜法分析结果

项目 名称	数量平均纤维长度/mm	宽度/μm	长宽比	壁厚/μm	胞腔直径/μm	壁腔比
细轴荛花	6.01	14.80	406	2.24	5.45	0.82

注：长宽比=数量平均纤维长度/宽度。

【纤维微观形貌】

图6为细轴荛花韧皮纤维的光学显微镜图。如图所示，经赫氏染色剂染色后，纤维呈蓝紫色，与同科瑞香属的长瓣瑞香、穗花瑞香相似。纤维较纤细易缠绕，部分纤

维中段有加宽现象。纤维表面横节纹明显，间距不均：纤维加宽处浅深节纹交替，纤维窄处节纹间距均匀；部分节纹与纤维截面倾角明显。纤维细胞腔不明显。纤维两端逐渐变细，端部形态多为钝圆状。

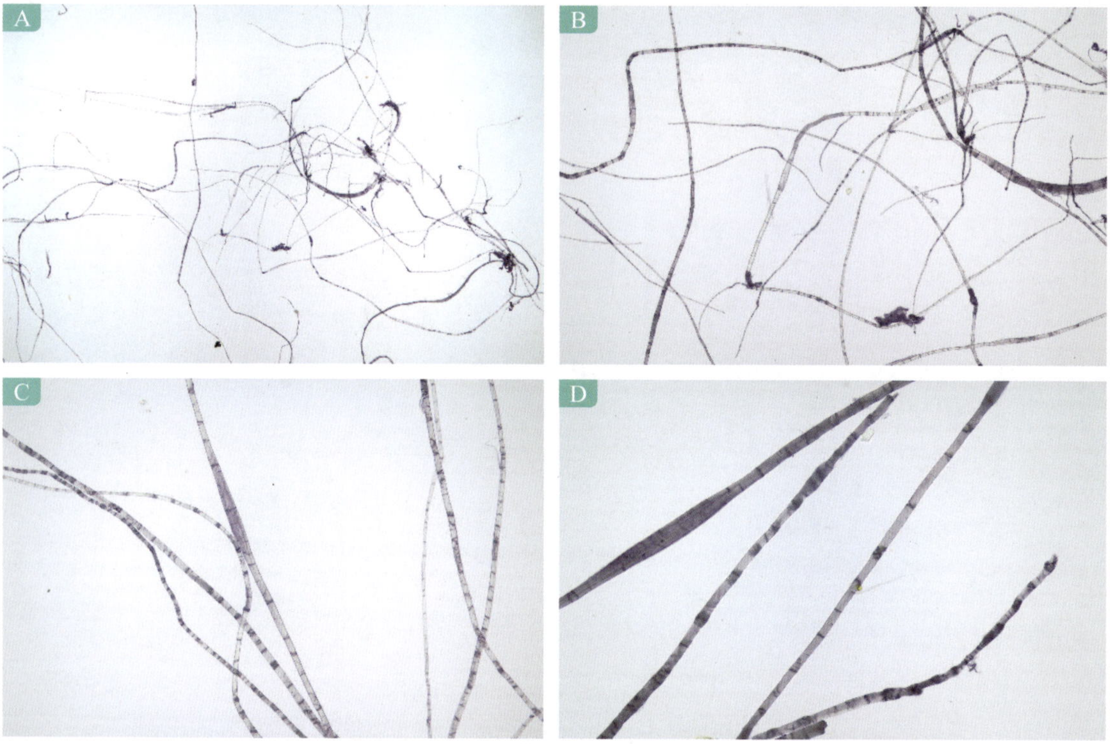

图6 细轴荛花韧皮纤维光学显微镜图

（A）40×；（B）100×；（C）200×；（D）400×

图7为细轴荛花韧皮纤维的扫描电镜图。从图中可以看出，细轴荛花韧皮纤维整体细长，纤维宽度均匀，纤维较为平直，表面褶皱较少。

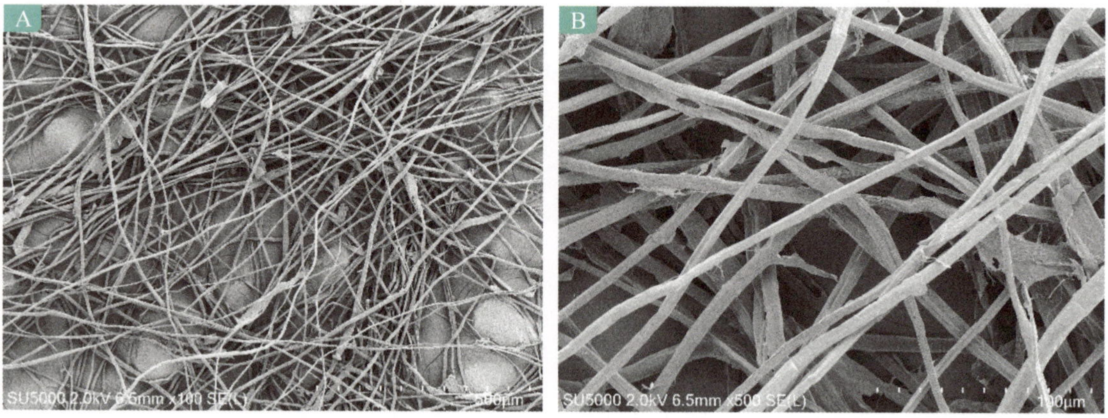

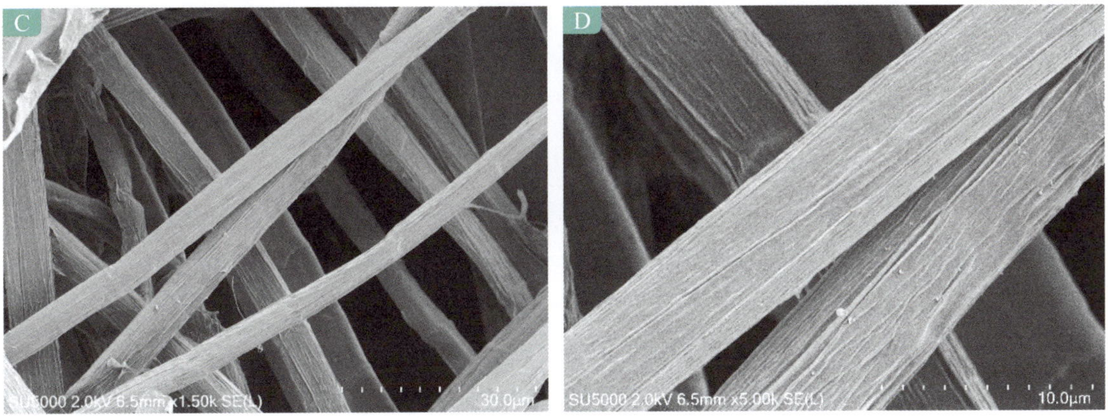

图7 细轴荛花韧皮纤维扫描电镜图

（A）100×；（B）500×；（C）1500×；（D）5000×

【纤维物理性质】

由表3可见，细轴荛花韧皮纤维的结晶度为78.4%；使用比重瓶法测定的纤维密度为1.54g·cm^{-3}；平均微纤丝角度在13°～19°；纤维干法和湿法零距抗张指数分别为124.1N·m·g^{-1}和92.4N·m·g^{-1}；纤维活化能为137.2kJ·mol^{-1}，相较于同科属的了哥王（124.0kJ·mol^{-1}），其纤维活化能更高，发生热降解的温度也更高。

表3　细轴荛花韧皮纤维物理性质

项目 / 名称	纤维密度 /g·cm^{-3}	结晶度 /%	微纤丝角 /°	零距抗张指数/N·m·g^{-1}		热重分析活化能 /kJ·mol^{-1}
				干法	湿法	
细轴荛花	1.54	78.4	13~19	124.1	92.4	137.2

2.2.2　了哥王 *Wikstroemia indica* (Linnaeus) C. A. Meyer

【形态特征】

灌木，0.5～2米或更高；枝红棕色，无毛，见图1。叶对生；叶柄长约1毫米；叶片干燥时两面红棕色，倒卵形，椭圆状长圆形，或披针形，长2～5厘米，宽0.5～1.5厘米，纸质到薄革质，两面无毛，基部宽或狭楔形，先端钝或锐尖；侧脉密集，纤细，与主脉夹角小。花序顶生，头状，数朵花；花序梗0.5～1厘米，无毛；花梗1～2毫米；花萼淡黄绿色，7～12毫米，外部无毛；裂片4，宽卵形到长圆形，长约3毫米，先端锐尖或钝；雄蕊8；花盘鳞片常2或4；子房倒卵形或椭圆形，无毛或先端疏生短柔毛，花柱极短，柱头头状，见图2。核果成熟时红色至深紫色，椭圆形，7～8毫米，见图3。花果期夏秋季。

图1 植株（郭永杰 拍摄）

【生长环境】

生于海拔1500米以下的林下、山坡。

图2 花（郭永杰 拍摄）

图3 果实（郭永杰 拍摄）

【地理分布】

产于中国浙江、福建、广东、广西、海南、湖南、云南、贵州、四川等地区；在印度、马来西亚、缅甸、泰国、越南、菲律宾、澳大利亚、斐济以东的太平洋岛屿也有分布。

【用途】

造纸，药用，杀虫，观赏。

【纤维原料形貌】

了哥王皮纤维原料如图4。

图4 了哥王皮纤维原料图

【化学组成】

表1为了哥王皮的化学组成。了哥王

皮的灰分含量为2.60%；纤维素及半纤维素的含量分别为31.69%和21.34%；苯醇抽出物和热水抽出物的含量分别为11.83%和19.98%，抽出物总含量约为同科属的细轴荛花的两倍；酸溶木素和酸不溶木素含量分别为1.83%和14.92%。

表1　了哥王皮化学组成

组分	纤维素	半纤维素	抽出物		木素		灰分
			苯醇抽出物	热水抽出物	酸不溶木素	酸溶木素	
含量/%	31.69	21.34	11.83	19.98	14.92	1.83	2.60

【纤维原料生物结构】

图5为了哥王皮的生物结构图。从图中可以看出，了哥王皮从外到内依次为表皮、周皮和韧皮部，其中韧皮部主要由韧皮纤维、韧皮薄壁细胞和韧皮射线等构成。纤维细胞胞腔大、壁薄，与韧皮薄壁细胞交错分布于韧皮部。纤维与韧皮薄壁细胞交错形成规则的径向行，由射线细胞隔开。射线细胞由内向外从单列逐渐变多列。

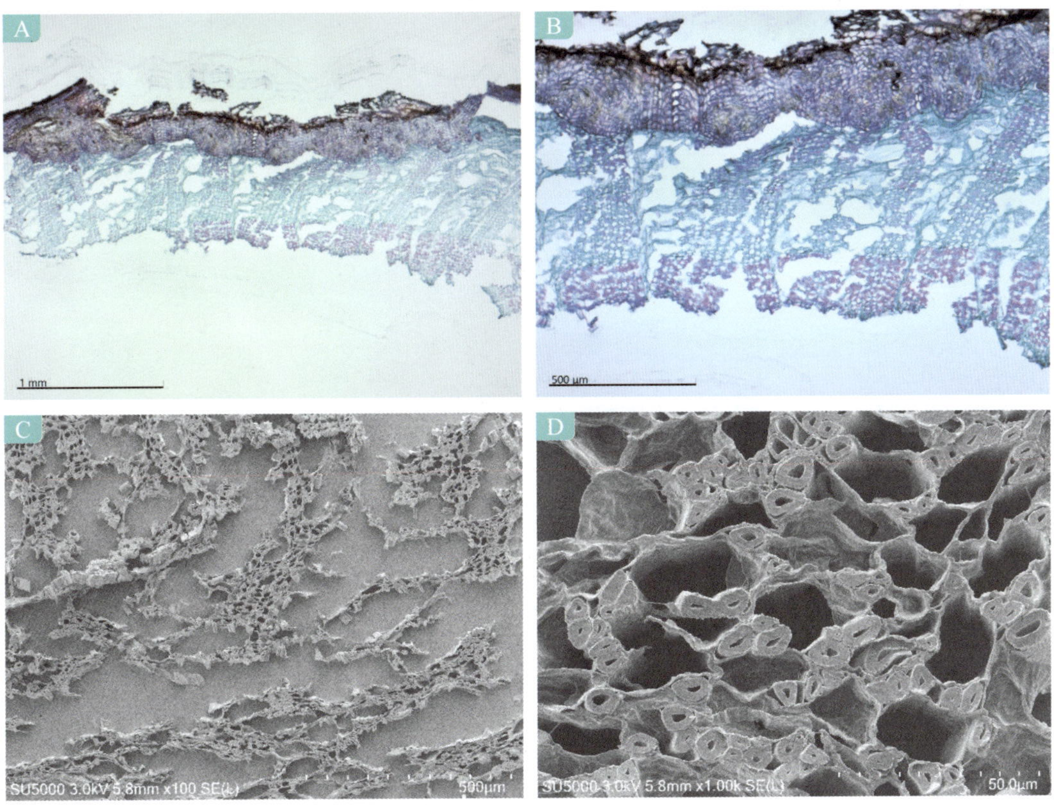

图5　了哥王皮生物结构图

（**A**）超景深显微镜图（×**100**）；（**B**）超景深显微镜图（×**200**）；（**C**）扫描电镜图（×**100**）；（**D**）扫描电镜图（×**1000**）

【纤维形态分析】

了哥王韧皮纤维形态分析结果见表2。

表2 了哥王韧皮纤维形态显微镜法分析结果

项目 / 名称	数量平均纤维长度/mm	宽度/μm	长宽比	壁厚/μm	胞腔直径/μm	壁腔比
了哥王	5.30	9.02	588	2.45	6.36	0.77

注：长宽比=数量平均纤维长度/宽度。

【纤维微观形貌】

图6为了哥王韧皮纤维的光学显微镜图。从图中可以看出，解离得到的了哥王韧皮纤维纤细易缠绕，经赫氏染色剂染色后纤维呈浅紫色，多弯曲。相较于细轴荛花韧皮纤维，了哥王韧皮纤维中段加宽现象不明显。纤维端部多为钝圆状。纤维表面纹理清晰，横节纹明显，深浅不一。

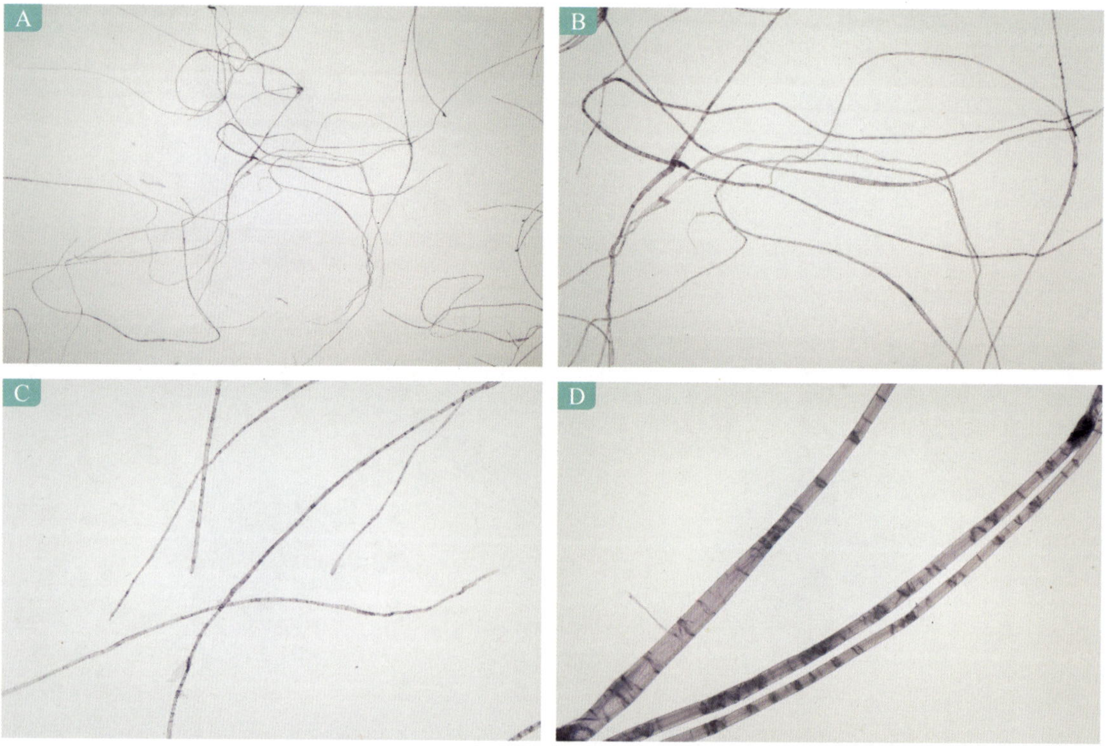

图6 了哥王韧皮纤维光学显微镜图

（A）40×；（B）100×；（C）200×；（D）400×

图7为了哥王韧皮纤维的扫描电镜图。从图中可以看出，了哥王韧皮纤维整体细长，粗细较均匀，存在少量杂细胞；部分纤维存在横向凸起现象，纵向褶皱明显。

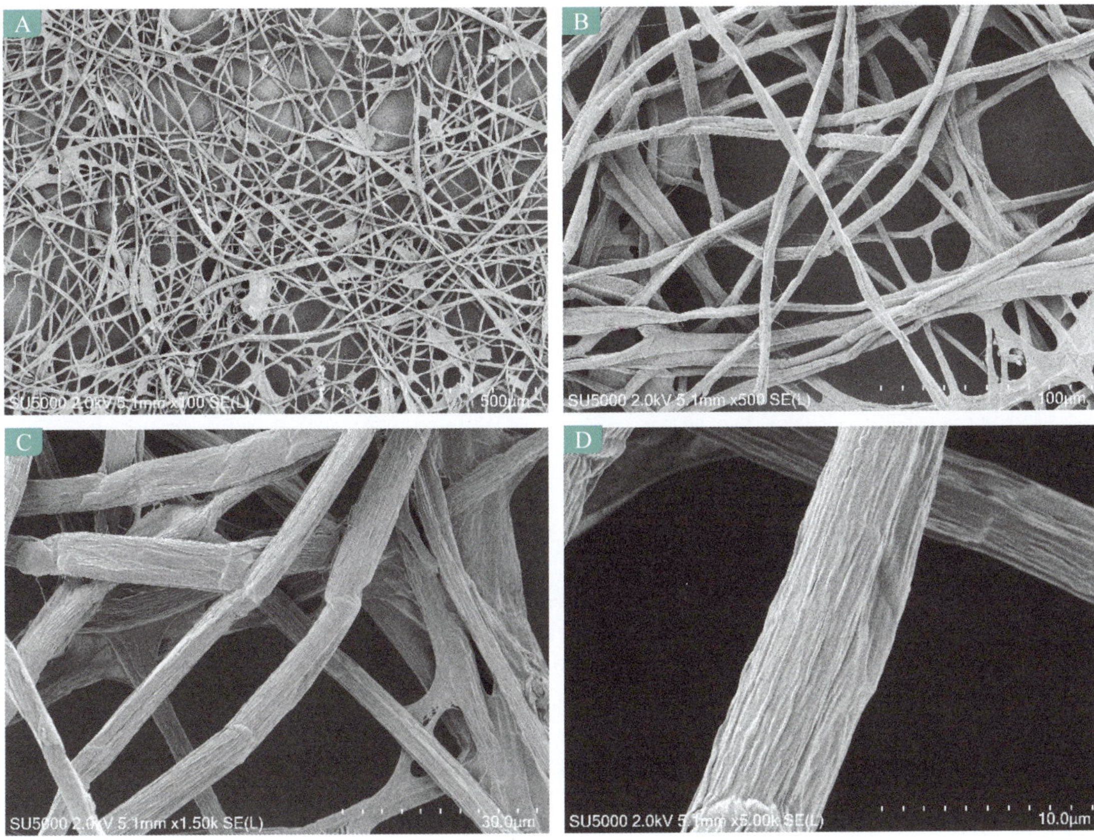

图7　了哥王韧皮纤维扫描电镜图

（A）100×；（B）500×；（C）1500×；（D）5000×

【纤维物理性质】

由表3可见，了哥王韧皮纤维的结晶度为76.5%；使用比重瓶法测定的纤维密度为1.46g·cm^{-3}；平均微纤丝角度为18°～22°；纤维干法和湿法零距抗张指数分别为129.9N·m·g^{-1}和84.3N·m·g^{-1}；纤维活化能为124.0kJ·mol^{-1}。

表3　了哥王韧皮纤维物理性质

项目 名称	纤维密度 /g·cm^{-3}	结晶度 /%	微纤丝角 /°	零距抗张指数/N·m·g^{-1}		热重分析活化能 /kJ·mol^{-1}
				干法	湿法	
了哥王	1.46	76.5	18~22	129.9	84.3	124.0

2.3 鼠皮树属 *Rhamnoneuron* Gilg

2.3.1 鼠皮树 *Rhamnoneuron balansae* (Drake) Gilg

【形态特征】

灌木或小乔木，高2～4米；小枝纤细，褐色，初被平贴的粗短毛，后逐渐脱落，见图1。叶柄1～3毫米，疏被柔毛；叶片卵形、长圆形至披针形，长（8～）10～19厘米，宽2.5～5.5厘米，基部楔形至宽楔形，稀圆形，先端渐尖，上面近无毛，下面被平贴短柔毛；侧脉19～24对，稍弧形，明显；叶柄短，约长1～3毫米。圆锥花序顶生或腋生；花序梗长1.5～2厘米，被绢毛；头状花序常4花;花萼红色，长约1.2厘米，外面具绢毛，4裂，直立，卵形，长约2.5毫米，见图2；雄蕊8，2列，上面4枚着生在花萼筒喉部，下面4枚距上列雄蕊约2毫米，花丝长约为花药的1/2，花药长圆形，长约1.5毫米；花盘杯状，边缘波状；子房全部被白色的长硬毛，花柱短，柱头近球形。果纺锤形，长约8毫米，外面密被白色长硬毛，为宿存花萼所包被。花期3月。

图1 植株（刘成 拍摄）

图2 花（刘成 拍摄）

【生长环境】

生于海拔900～1200米的林中。

【地理分布】

产于中国云南屏边；在越南也有分布。

【用途】

枝条柔韧，可作绳索，且为上等造纸原料。

【纤维原料形貌】

鼠皮树皮纤维原料形貌如图3。

图3　鼠皮树皮纤维原料图

【化学组成】

表1为鼠皮树皮的化学组成，其灰分含量为4.87%；纤维素含量为40.43%，比本书中同瑞香科其他属（瑞香属、荛花属、结香属以及沉香属）的含量更高；半纤维素的含量10.23%；苯醇抽出物和热水抽出物的含量分别为0.81%和12.34%；酸溶木素和酸不溶木素含量分别为2.16%和9.08%。

表1　鼠皮树皮化学组成

组分	纤维素	半纤维素	抽出物		木素		灰分
			苯醇抽出物	热水抽出物	酸不溶木素	酸溶木素	
含量/%	40.43	10.23	0.81	12.34	9.08	2.16	4.87

【纤维原料生物结构】

图4为鼠皮树皮的生物结构图。从图中可以看出，鼠皮树皮从外到内依次为表皮、周皮和韧皮部，其中韧皮部主要由韧皮纤维、韧皮薄壁细胞和韧皮射线等构成。韧皮纤维胞腔小、壁厚，星散分布，与呈圆形或椭圆形的薄壁细胞交叉排列，形成秩序性较高且较规则的网状排列。射线细胞向外逐渐膨大，从单列逐渐变为多列。此外，未见明显石细胞。

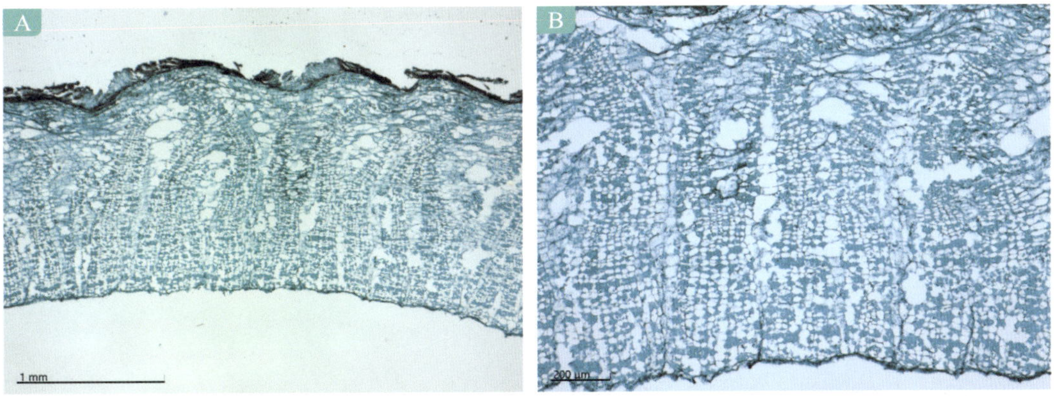

图4

（A）超景深显微镜图（×100）；（B）超景深显微镜图（×200）

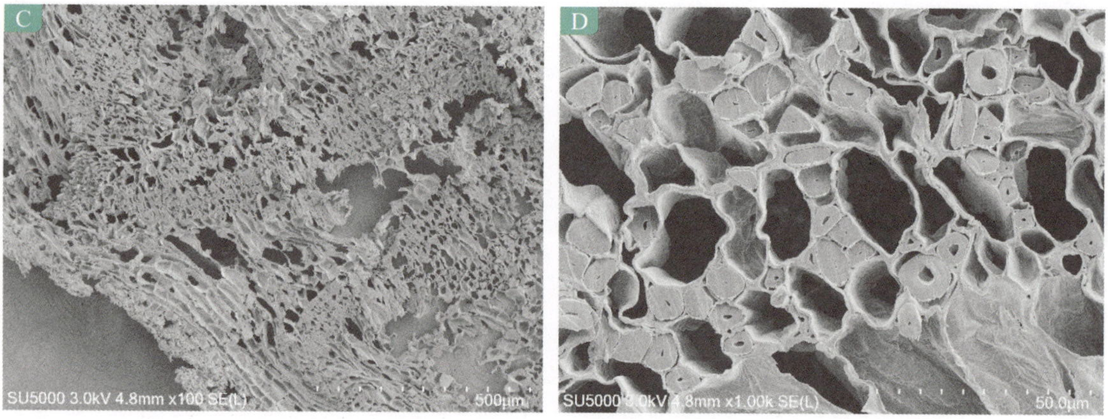

图4　鼠皮树皮生物结构图

（C）扫描电镜图（×100）；（D）扫描电镜图（×1000）

【纤维形态分析】

鼠皮树韧皮纤维形态分析结果见表2。

表2　鼠皮树韧皮纤维形态光学显微镜法分析结果

项目 / 名称	数量平均纤维长度/mm	宽度/μm	长宽比	壁厚/μm	胞腔直径/μm	壁腔比
鼠皮树	4.68	10.58	442	4.37	2.43	3.60

注：长宽比=数量平均纤维长度/宽度。

【纤维微观形貌】

图5为鼠皮树韧皮纤维的光学显微镜图。从图中可以看出，解离得到的鼠皮树韧皮纤维染色后呈紫色，纤维较长，粗细均匀，易弯曲。部分纤维中段有加宽现象，两

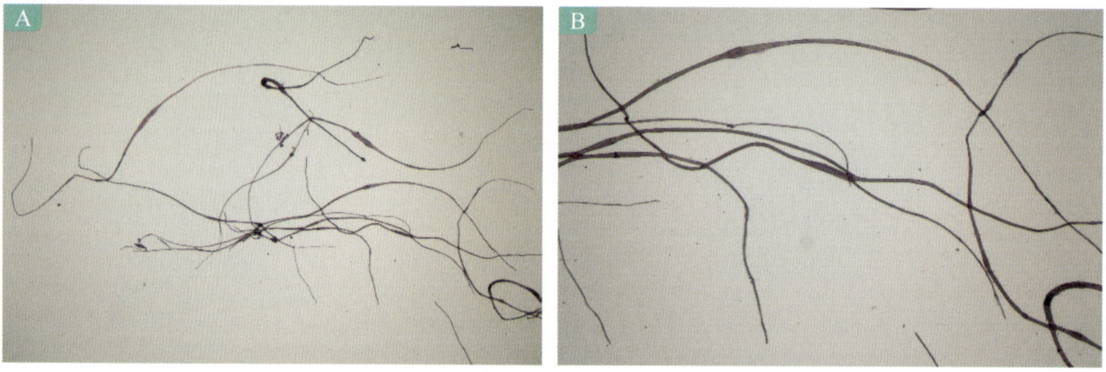

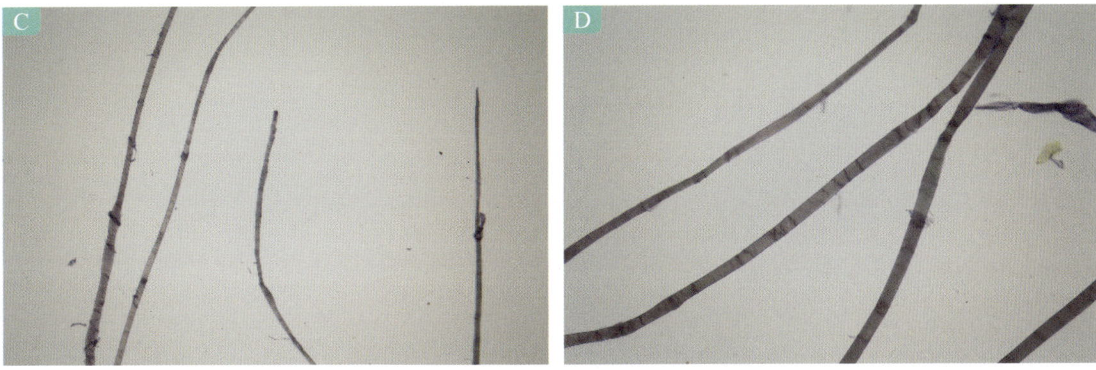

图5 鼠皮树韧皮纤维光学显微镜图

（A）40×；（B）100×；（C）200×；（D）400×

端逐渐变细，端部多为钝圆状。纤维表面横节纹明显，深浅不一，间距不匀。细胞腔不明显。

图6为鼠皮树韧皮纤维的扫描电镜图。鼠皮树韧皮纤维整体细长，宽度均匀；部分纤维存在明显的凸起横节纹结构，纤维表面纵向褶皱明显。

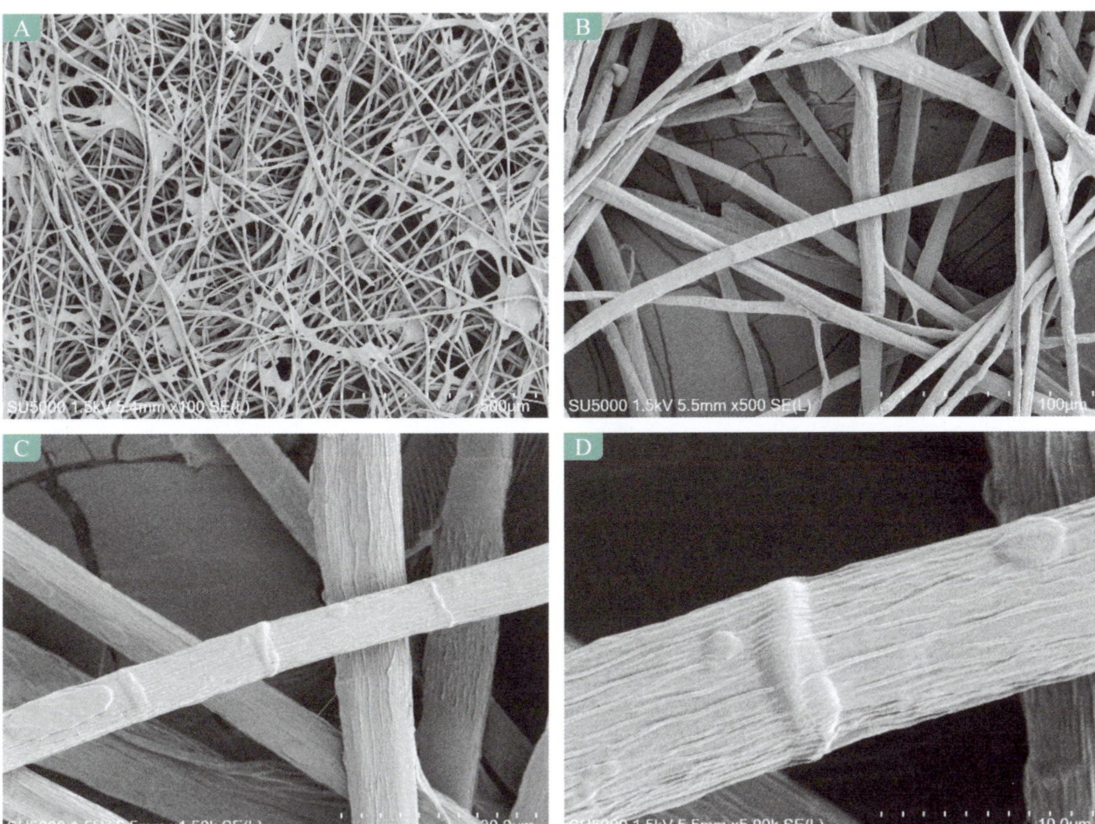

图6 鼠皮树韧皮纤维扫描电镜图

（A）100×；（B）500×；（C）1500×；（D）5000×

【纤维物理性质】

由表3可见，鼠皮树韧皮纤维的结晶度为80.9%；使用比重瓶法测定的纤维密度为1.53g·cm^{-3}；平均微纤丝角度为9°～18°；纤维干法和湿法零距抗张指数分别为72.3N·m·g^{-1}和49.9N·m·g^{-1}；纤维活化能为138.5kJ·mol^{-1}。

表3　鼠皮树韧皮纤维物理性质

项目 名称	纤维密度/g·cm^{-3}	结晶度/%	微纤丝角/°	零距抗张指数/N·m·g^{-1}		热重分析活化能/kJ·mol^{-1}
				干法	湿法	
鼠皮树	1.53	80.9	9~18	72.3	49.9	138.5

2.4　结香属 *Edgeworthia* Meisner

2.4.1　滇结香 *Edgeworthia gardneri* Meisner

【形态特征】

小乔木，高3～4米；茎褐红色；小枝无毛或于顶端疏被绢状毛，见图1。叶互生；叶柄长约4～8毫米，被疏柔毛；叶片窄椭圆形至椭圆状披针形，长6～10厘米，宽2.5～3.4厘米，基部楔形，先端尖，两面均被平贴柔毛；主脉在上面平，在下面凸出，侧脉8～9对，在两面均明显。花序顶生或腋生，头状，直径约3.5～4厘米，具30～50朵花；花序梗长约2～2.5（～5）厘米，向下弯垂，在开花时被白色绢毛，结果时毛全脱落；苞片早落，窄披针形；花无梗；花萼管长约1.5厘米，外面密被白色丝状毛；顶端4裂，裂片卵形，长约3.5毫米，宽约2.5毫米，先端尖或圆形，内面黄色，外面密被白色丝状毛；雄蕊8，2列，着生于花萼管喉部；花盘鳞片膜质，浅撕裂状；子房椭圆形，长约5毫米，全部密被灰白色丝状长毛，花柱线形，长约2毫米，被毛，柱头球形，长约3毫米，见图2。果卵形，密被灰白色丝状长毛，见图3。花期晚冬至初春，果期夏季。

图1　植株（刘成 拍摄）

图2 花（刘成 拍摄）

图3 果实（刘成 拍摄）

【生长环境】

生于海拔1000～2500米的林缘及疏林湿润处或常绿阔叶林中。

【地理分布】

产于中国西藏东部及云南西北部；在尼泊尔、不丹、印度及缅甸北部也有分布。

【用途】

树皮纤维为人造棉及造纸原料。

【纤维原料形貌】

滇结香皮纤维原料形貌如图4。

图4 滇结香皮纤维原料图

【化学组成】

表1为滇结香皮的化学组成。滇结香皮的灰分含量为5.70%；纤维素及半纤维素的含量分别为37.51%和10.46%；苯醇抽出物和热水抽出物的含量分别为14.05%和4.90%；酸溶木素含量为5.49%，相较于本书中同瑞香科其他属（荛花属、鼠皮树属、沉香属），其含量最高，而酸不溶木素含量为8.07%，含量最低。

表1 滇结香皮化学组成

组分	纤维素	半纤维素	抽出物		木素		灰分
			苯醇抽出物	热水抽出物	酸不溶木素	酸溶木素	
含量/%	37.51	10.46	14.05	4.90	8.07	5.49	5.70

【纤维原料生物结构】

图5为滇结香皮的生物结构图。从图中可以看出，滇结香皮从外到内依次为表皮、周皮和韧皮部，其中韧皮部主要由韧皮纤维、韧皮薄壁细胞和韧皮射线等构成。纤维细胞腔小、壁厚，星散分布，与薄壁细胞交错排列。纤维与薄壁细胞交错形成规则的径向行，被射线薄壁细胞隔开。纤维数量由内向外逐渐减少。射线细胞从单列向外逐渐增宽变成多列。

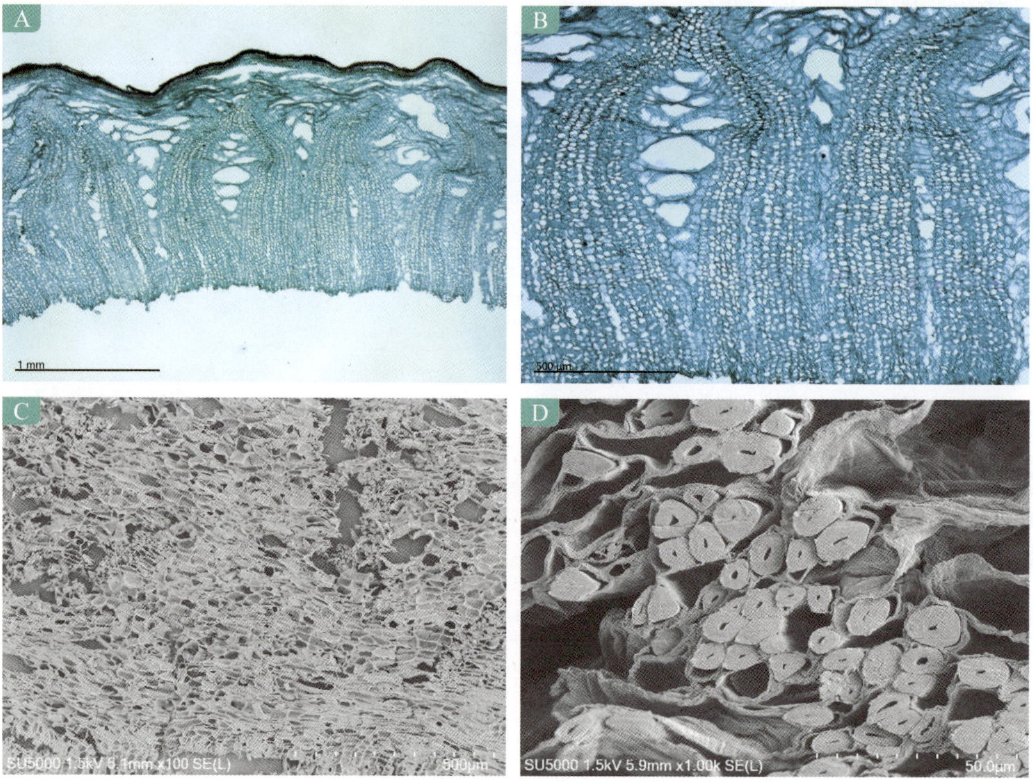

图5 滇结香皮生物结构图

（**A**）超景深显微镜图（×**100**）；（**B**）超景深显微镜图（×**200**）；

（**C**）扫描电镜图（×**100**）；（**D**）扫描电镜图（×**1000**）

【纤维形态分析】

滇结香韧皮纤维形态分析结果见表2。

表2 滇结香韧皮纤维形态显微镜法分析结果

项目 名称	数量平均纤维长度/mm	宽度/μm	长宽比	壁厚/μm	胞腔直径/μm	壁腔比
滇结香	4.97	11.49	433	3.63	5.85	1.24

注：长宽比=数量平均纤维长度/宽度。

【纤维微观形貌】

图6为滇结香韧皮纤维的光学显微镜图。从图中可以看出，滇结香韧皮纤维长度较长，经赫氏染色剂染色呈紫色，纤维柔细。部分纤维中段有明显加宽现象，但加宽区域不大，加宽区域似鼓锤状。纤维两端逐渐变细，端部多呈钝圆状，少部分呈扁平状。部分纤维细胞腔明显，宽窄不一，纤维加宽处细胞腔较宽，且分界明显。纤维表面有明显的横节纹，间距较均匀。

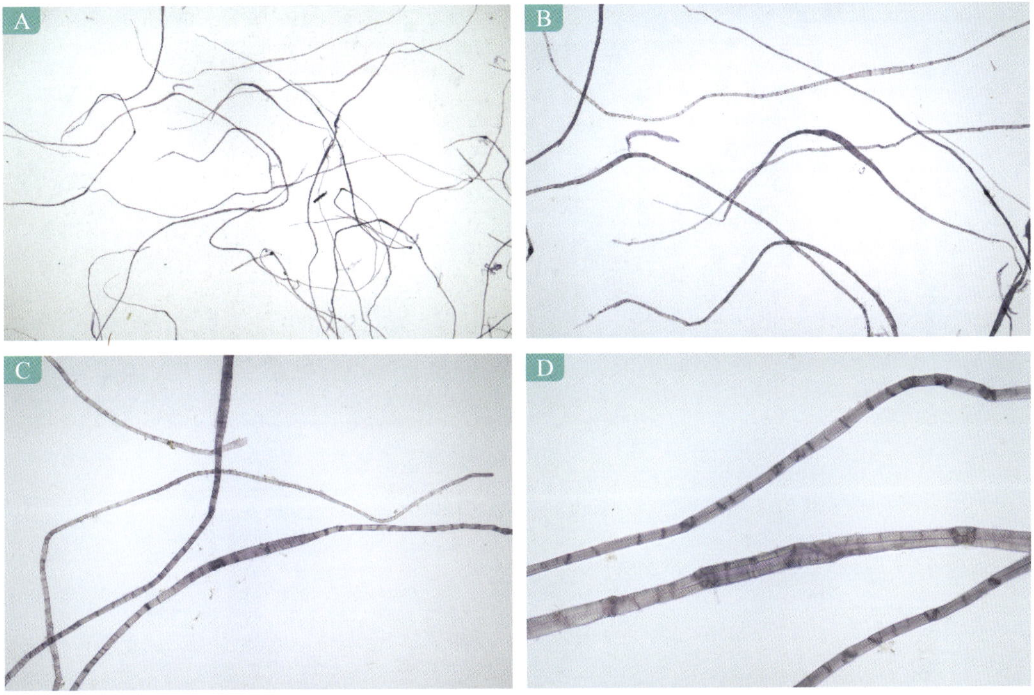

图6 滇结香韧皮纤维光学显微镜图

（A）40×；（B）100×；（C）200×；（D）400×

图7为滇结香韧皮纤维的扫描电镜图。如图所示，滇结香韧皮纤维整体形态细长，纤维粗细均匀，纤维表面存在明显的纵向褶皱，存在少量杂细胞。

【纤维物理性质】

由表3可见，滇结香韧皮纤维的结晶度为80.2%；使用比重瓶法测定的纤维密度为1.59g·cm^{-3}；平均微纤丝角度为21°～25°；纤维干法和湿法零距抗张指数分别为77.5N·m·g^{-1}和51.7N·m·g^{-1}，远低于同科的细轴荛花（124.1N·m·g^{-1}、92.4N·m·g^{-1}）、穗花瑞香（146.3N·m·g^{-1}、79.3N·m·g^{-1}）和短管瑞香（123.0N·m·g^{-1}、58.6N·m·g^{-1}）；纤维活化能为146.0kJ·mol^{-1}。

图7　滇结香韧皮纤维扫描电镜图

（A）100×；（B）500×；（C）1500×；（D）5000×

表3　滇结香韧皮纤维物理性质

项目 名称	纤维密度 /g·cm^{-3}	结晶度 /%	微纤丝角 /°	零距抗张指数/N·m·g^{-1}		热重分析活化能 /kJ·mol^{-1}
				干法	湿法	
滇结香	1.59	80.2	21~25	77.5	51.7	146.0

2.5　沉香属 *Aquilaria* Lamarck

2.5.1　土沉香 *Aquilaria sinensis* (Loureiro) Sprengel

【形态特征】

乔木，高5～15米；树皮暗灰色，光滑，纤维坚韧；小枝圆柱形，具皱纹，幼时被疏柔毛，后逐渐脱落，无毛或近无毛。叶柄长约5～7毫米，被毛；叶片革质，上面暗绿色或紫绿色，光亮，下面淡绿色，两面均无毛，圆形、椭圆形至长圆形，有时倒卵形，长5～9厘米，宽2.8～6厘米，基部宽楔形，先端锐尖或急尖，或具短尖头；侧脉每边15～20，在下面更明显，小脉纤细，近平行，不明显。花序顶生，松散的伞形花序，多花；花梗长5～10毫米，密被黄灰色短柔毛；花萼黄绿色；萼筒窄钟状，长5～6毫米，两面均密被短柔毛，5裂，裂片卵形，长3～5毫米，先端圆钝或急尖，两面被短柔毛；花瓣10，鳞片状，着生于花萼筒喉部，密被毛；雄蕊10，排成1轮，花丝长约1毫米，花药长圆形，长约1.5毫米；子房卵形，密被灰白色毛，2室，每室1胚珠，花柱极短或无，柱头头状，见图1。蒴果果梗短，卵球形，长2～3厘米，直径约2厘米，基部渐狭，顶端具短尖头，密被黄色短柔毛；2瓣裂，2室，每室具有1种子，见图2；种子深褐色，卵形，长约1厘米，宽约7.5毫米，被柔毛或无毛；珠柄显著，比种子长，长约1.5厘米，上端宽扁，宽约0.4厘米。花期春季至夏季，果期夏季至秋季。

图1 花（黄向旭 拍摄）

图2 果实（黄向旭 拍摄）

【生长环境】

喜生于低海拔的树林，向阳山坡和路边。

【地理分布】

产于中国广东、海南、广西、福建。

【用途】

树皮纤维柔韧，色白而纤细，可做高级纸原料及人造棉；老茎受伤后所积得的树脂，俗称沉香，可作香料原料，并为治胃病特效药；木质部可提取芳香油，花可制浸膏。

【纤维原料形貌】

土沉香皮纤维原料形貌如图3。

图3 土沉香皮纤维原料图

【化学组成】

表1为土沉香皮的化学组成。土沉香皮的灰分含量为15.69%，其含量为本书中记载的瑞香科中最高；纤维素及半纤维素的含量分别为25.97%和8.58%；苯醇抽出物和热水抽出物的含量分别为1.78%和3.52%；酸溶木素和酸不溶木素含量分别为4.30%和12.96%。

表1 土沉香皮化学组成

组分	纤维素	半纤维素	抽出物		木素		灰分
			苯醇抽出物	热水抽出物	酸不溶木素	酸溶木素	
含量/%	25.97	8.58	1.78	3.52	12.96	4.30	15.69

【纤维原料生物结构】

图4为土沉香皮的生物结构图。从图中可以看出，土沉香皮从外到内依次为表皮、周皮和韧皮部，其中韧皮部主要由韧皮纤维、韧皮薄壁细胞和韧皮射线等构成。纤维细胞腔小、壁厚，纤维星散分布，和韧皮薄壁细胞交叉排列。纤维细胞占韧皮部的比例小，且分布在远离表皮一侧。韧皮射线向外逐渐膨大，从单列逐渐变成多列。

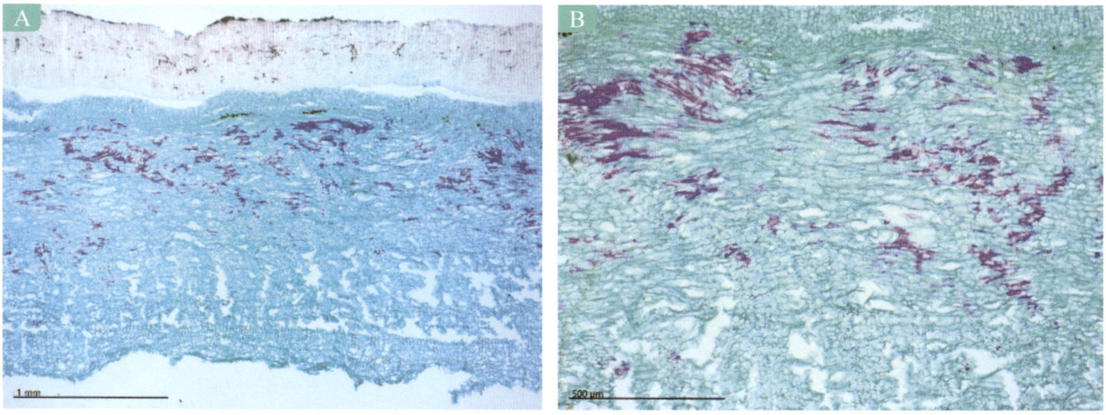

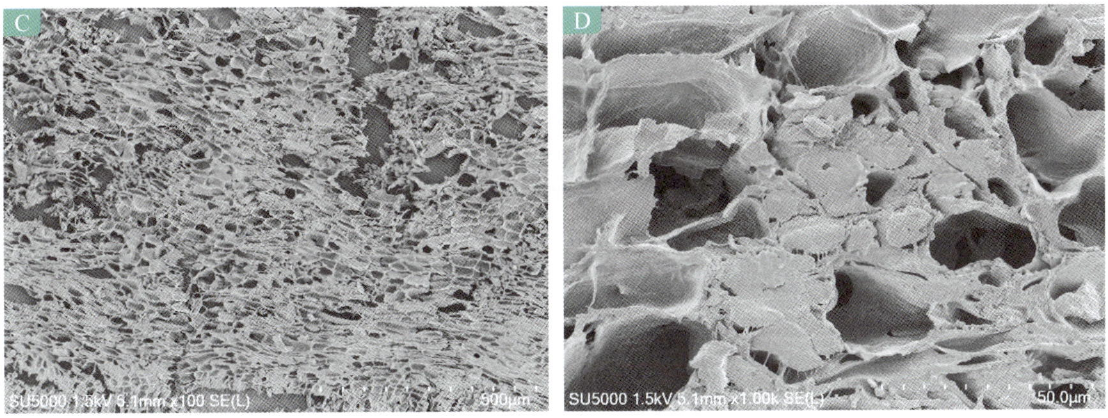

图4　土沉香皮生物结构图

（**A**）超景深显微镜图（×**100**）；（**B**）超景深显微镜图（×**200**）；
（**C**）扫描电镜图（×**100**）；（**D**）扫描电镜图（×**1000**）

【纤维形态分析】

土沉香韧皮纤维形态分析结果见表2。

表2　土沉香韧皮纤维形态分析结果

<table>
<tr><th rowspan="3">项目
名称</th><th colspan="5">纤维图像分析仪</th><th colspan="3">光学显微镜法</th></tr>
<tr><th colspan="3">平均长度/mm</th><th rowspan="2">宽度/μm</th><th rowspan="2">长宽比</th><th rowspan="2">壁厚/μm</th><th rowspan="2">胞腔直径/μm</th><th rowspan="2">壁腔比</th></tr>
<tr><th>算术平均</th><th>长度加权</th><th>重量加权</th></tr>
<tr><td>土沉香</td><td>0.51</td><td>1.19</td><td>1.87</td><td>16.42</td><td>72</td><td>2.71</td><td>4.09</td><td>1.33</td></tr>
</table>

注：长宽比=长度加权平均长度/宽度。

【纤维微观形貌】

图5为土沉香韧皮纤维的光学显微镜图。如图所示，解离得到的土沉香韧皮纤维经赫氏染色剂染色后呈紫色，形态柔软，多弯曲。纤维中间段加宽明显，两端柔软细长，粗细差距大，端部多呈钝圆形，少部分为钝尖状。纤维加宽部分纤维表面清晰可见深浅不一的横节纹，纤维细长部分节纹分布较均匀，加宽部分横节纹较密集。部分加宽段细胞腔明显。

图6为土沉香韧皮纤维的扫描电镜图。如图所示，土沉香韧皮纤维整体呈扁圆柱状，部分纤维的中段明显宽于纤维两端，纤维表面存在横节纹。

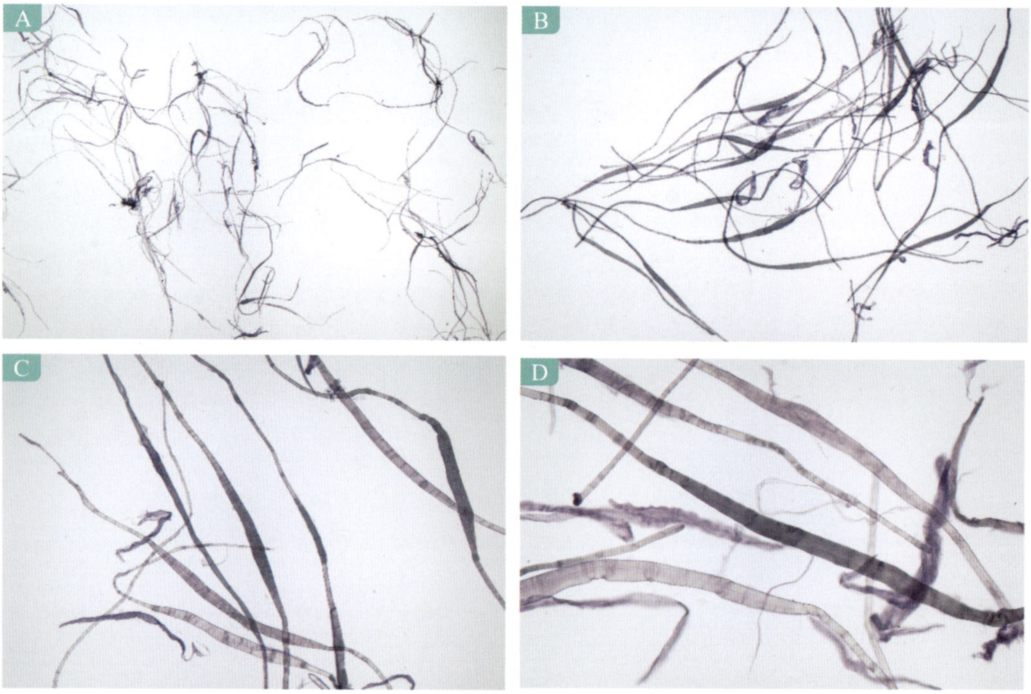

图5 土沉香韧皮纤维光学显微镜图

（A）40×；（B）100×；（C）200×；（D）400×

图6 土沉香韧皮纤维扫描电镜图

（A）100×；（B）500×；（C）1500×；（D）5000×

【纤维物理性质】

由表3可见，土沉香韧皮纤维的结晶度为76.8%；使用比重瓶法测定的纤维密度为1.71g · cm^{-3}，相比于同科的滇结香（1.59g · cm^{-3}），土沉香韧皮纤维的密度更大；平均微纤丝角度为11°～16°；纤维干法和湿法零距抗张指数分别为51.0N · m · g^{-1}和34.1N · m · g^{-1}；纤维活化能为131.6kJ · mol^{-1}。

表3　土沉香韧皮纤维物理性质

项目 名称	纤维密度 /g · cm^{-3}	结晶度 /%	微纤丝角 /°	零距抗张指数/N · m · g^{-1}		热重分析活化能 /kJ · mol^{-1}
				干法	湿法	
土沉香	1.71	76.8	11~16	51.0	34.1	131.6

中国野生植物韧皮纤维特性及显微图谱
Characteristics and Microscopic Atlas of Phloem Fibers from Chinese Wild Plants

第3章

荨麻科
Urticaceae

3.1 苎麻属 *Boehmeria* Jacquin

3.1.1 束序苎麻 *Boehmeria siamensis* Craib

【形态特征】

灌木，单分枝或多分枝，高1～3米，直径1.5厘米；上部茎、小枝和叶柄疏或密被硬毛；芽卵形长2～5毫米，鳞片三角状卵形，见图1。叶对生；托叶狭三角形或钻形，长7～10毫米；叶柄0.3～1.2厘米；叶片厚纸质，狭卵形、椭圆形或稀长圆形，基部浅心形或圆形，稍偏斜，先端渐尖或短渐尖，长5～15厘米，宽2～8厘米，边缘具锯齿，两面疏被短硬毛；侧脉3～4对，下面隆起，脉网明显。穗状花序在枝顶部叶腋单生，下部2～4条簇生叶腋，长4～6厘米，不分枝；在同一植株全为雌性，或枝上部的雌性，其下的两性或雄性；苞片干膜质，卵形，长2.5～3.5毫米；雄花无梗，花被片4，椭圆形，长1.8～2毫米，合生至中部，外面被短柔毛，雄蕊4，长约2.5毫米，花药长约0.8毫米，退化雌蕊倒卵形，长约0.4毫米；雌花花被纺锤形，长约1毫米，顶端约有3小齿，外面被柔毛，果期呈菱状狭倒卵形或仍为纺锤形，长1.8～2毫米，柱头长约0.8毫米。瘦果卵球形，长约0.8毫米，光滑，见图2。花期3月。

图1 植株（李永亮 拍摄）

图2 果序（李永亮 拍摄）

【生长环境】

生于海拔400～1800米的山地阳坡灌丛或次生林中。

【地理分布】

产于中国云南、广西、贵州；在缅甸、越南、老挝、泰国也有分布。

【用途】

茎皮纤维可制绳索。

【纤维原料形貌】

束序苎麻皮纤维原料如图3。

图3 束序苎麻皮纤维原料图

【化学组成】

表1为束序苎麻皮的化学组成。束序苎麻皮的灰分含量为12.27%；纤维素及半纤维素的含量分别为23.09%和9.24%；苯醇抽出物和热水抽出物的含量分别为14.71%和9.52%；酸溶木素和酸不溶木素含量分别为2.57%和21.29%。

表1 束序苎麻皮化学组成

组分	纤维素	半纤维素	抽出物		木素		灰分
			苯醇抽出物	热水抽出物	酸不溶木素	酸溶木素	
含量/%	23.09	9.24	14.71	9.52	21.29	2.57	12.27

【纤维原料生物结构】

图4为束序苎麻皮的生物结构图。从图中可以看出，束序苎麻皮从外到内依次为

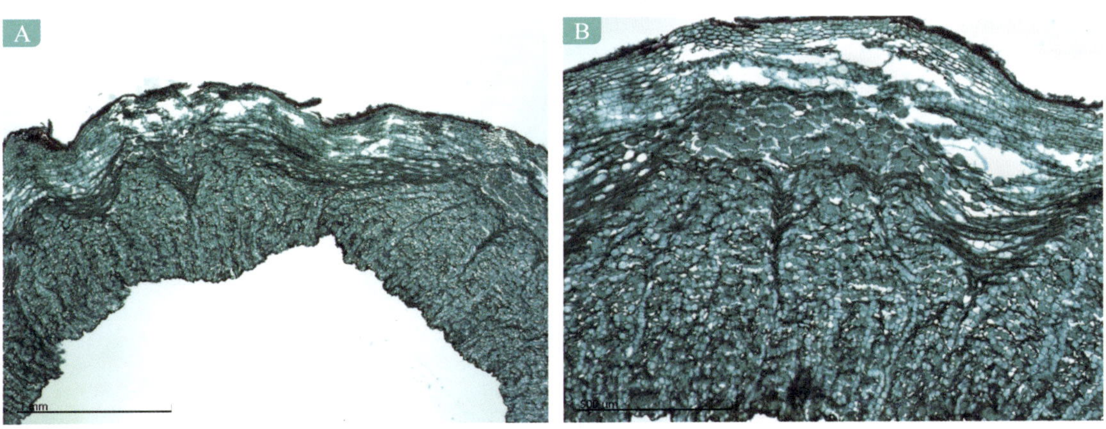

图4

（**A**）超景深显微镜图（×**100**）；（**B**）超景深显微镜图（×**200**）；

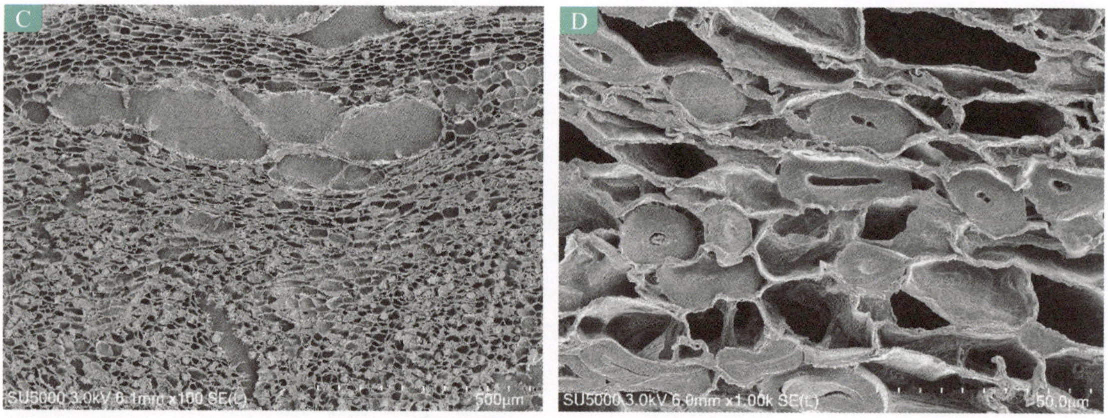

图4 束序苎麻皮生物结构图

（**C**）扫描电镜图（×**100**）；（**D**）扫描电镜图（×**1000**）

表皮、周皮和韧皮部，韧皮部主要由韧皮纤维、韧皮薄壁细胞和韧皮射线等构成。纤维细胞胞腔小、壁厚，纤维与薄壁细胞交错排列。射线细胞在较靠近表皮处开始向外逐渐膨大，从单列逐渐变为多列，射线细胞横向扩展范围相对较大。此外，还有一些木质化程度较高的纤维细胞呈团状聚集在靠近表皮处。

【纤维形态分析】

束序苎麻韧皮纤维形态分析结果见表2。

表2　束序苎麻韧皮纤维形态光学显微镜法分析结果

项目 / 名称	数量平均纤维长度/mm	宽度/μm	长宽比	壁厚/μm	胞腔直径/μm	壁腔比
束序苎麻	8.95	44.74	200	3.59	4.49	1.60

注：长宽比=数量平均纤维长度/宽度。

【纤维微观形貌】

图5为束序苎麻韧皮纤维的光学显微镜图。从图中可以看出，束序苎麻韧皮纤维较长，经染色后呈棕红色，粗细差距较大。纤维两端逐渐变细，端部多呈尖细状。纤维表面存在明显横节纹，色浅，多呈密集分布。纤维细胞腔较宽，染色浅时可明显观察到细胞腔轮廓。

图6为束序苎麻韧皮纤维的扫描电镜图。如图所示，束序苎麻韧皮纤维宽度差异较大，存在较多杂细胞，纤维表面存在少量纵向褶皱。

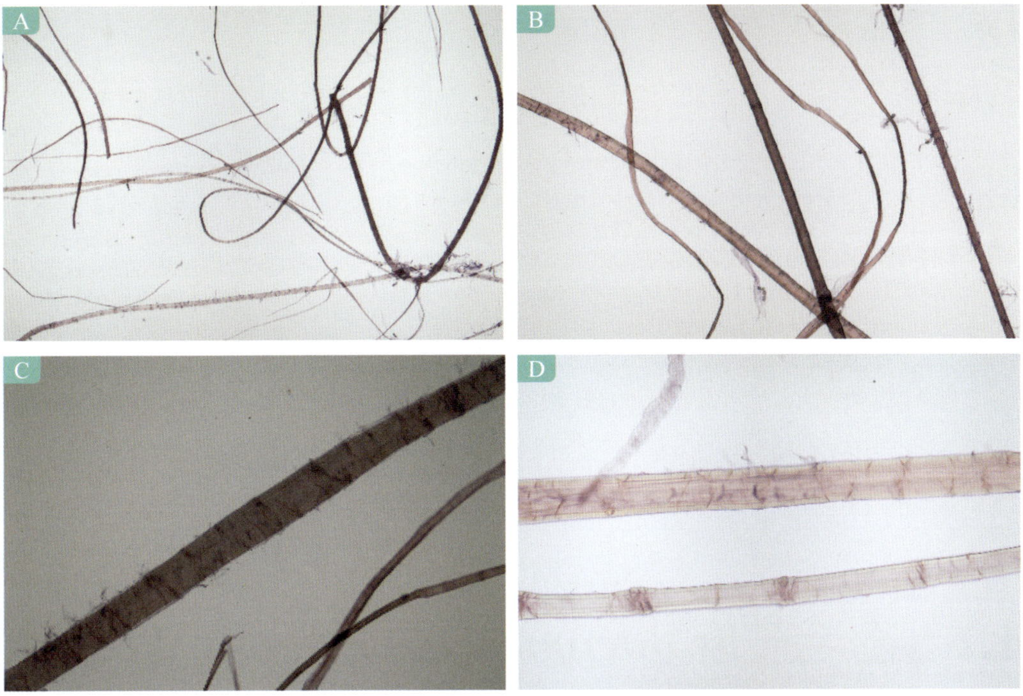

图5　束序苎麻韧皮纤维光学显微镜图

（A）40×；（B）100×；（C）200×；（D）400×

图6　束序苎麻韧皮纤维扫描电镜图

（A）100×；（B）500×；（C）1500×；（D）5000×

【纤维物理性质】

由表3可见，束序苎麻韧皮纤维的结晶度为87.0%；使用比重瓶法测定的纤维密度为1.70g·cm^{-3}；平均微纤丝角度为9°～12°；纤维干法和湿法零距抗张指数分别为61.3N·m·g^{-1}和31.7N·m·g^{-1}；纤维活化能为153.3kJ·mol^{-1}，高于同科属的密毛苎麻（100.8kJ·mol^{-1}）。

表3　束序苎麻韧皮纤维物理性质

项目 名称	纤维密度 /g·cm^{-3}	结晶度 /%	微纤丝角 /°	零距抗张指数/N·m·g^{-1}		热重分析活化能 /kJ·mol^{-1}
				干法	湿法	
束序苎麻	1.70	87.0	9~12	61.3	31.7	153.3

3.1.2　密毛苎麻 *Boehmeria tomentosa* Weddell

【形态特征】

灌木，高2～8米；当年生枝密被淡黄色绒毛，见图1。叶对生；叶柄长1～8厘米；叶片纸质，近圆形或圆卵形，长6.5～18.5厘米，宽4.6～14厘米，基部浅心形或圆截形，先端短渐尖或渐尖，边缘在基部之上有锯齿，上面密被短伏毛，下面幼时密被短绒毛，后毛稍变稀疏；侧脉约2对。如图2，穗状花序单性，下垂；雄穗状花序常2条束生于一年生枝的落叶腋，长5～12厘米；雌穗状花序单生于当年生枝叶腋，长8～16厘米；雄花无柄，花被片4，椭圆形，长约1.5毫米，下部合生，外面被疏柔毛，雄蕊4，长约2毫米，花药长约0.6毫米，退化雌蕊近柱形，长约0.8毫米；雌花花被纺锤形或椭圆形，长0.8～1毫米，果期

图1　植株（刘成 拍摄）

图2　花（刘成 拍摄）

长达1.5～2毫米，顶端有2小齿，外面在中部之上密被柔毛。果序如图3。花期4～7月，果期8～10月。

图3 果序（刘成 拍摄）

【生长环境】

生于海拔1500～2400米的林缘，溪边。

【地理分布】

产于中国云南、四川；在不丹、印度、尼泊尔也有分布。

【用途】

茎皮纤维可用于制作人造棉、织麻袋。

【纤维原料形貌】

密毛苎麻皮纤维原料形貌如图4。

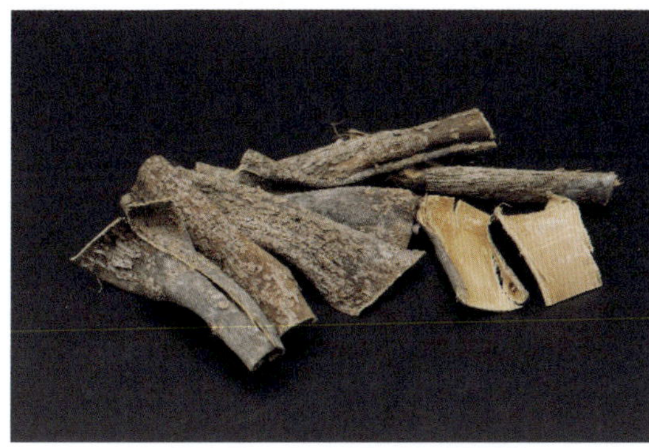

图4 密毛苎麻皮纤维原料图

【化学组成】

表1为密毛苎麻皮的化学组成。密毛苎麻皮的灰分含量为10.63%；纤维素及半纤维素的含量分别为27.25%和5.93%；苯醇抽出物和热水抽出物的含量分别为6.73%和10.95%；酸溶木素和酸不溶木素含量分别为2.46%和25.40%，该属半纤维素含量在本书所记载的同荨麻科中相对较低，酸不溶木素含量较高。

表1　密毛苎麻皮化学组成

组分	纤维素	半纤维素	抽出物		木素		灰分
			苯醇抽出物	热水抽出物	酸不溶木素	酸溶木素	
含量/%	27.25	5.93	6.73	10.95	25.40	2.46	10.63

【纤维原料生物结构】

图5为密毛苎麻皮的生物结构图。如图所示，密毛苎麻皮从外到内依次为表皮、周皮和韧皮部，其中韧皮部主要由韧皮纤维、韧皮薄壁细胞和韧皮射线等构成。韧皮纤维壁厚、腔小，在韧皮部占比较小。纤维细胞与韧皮薄壁细胞交错分布，形成向表

皮延伸的径向行，这些径向行由射线细胞分隔。射线细胞由内向外由单列逐渐变为多列，占韧皮部的比例较大。此外，在近表皮处分布着少量高度木质化的纤维。

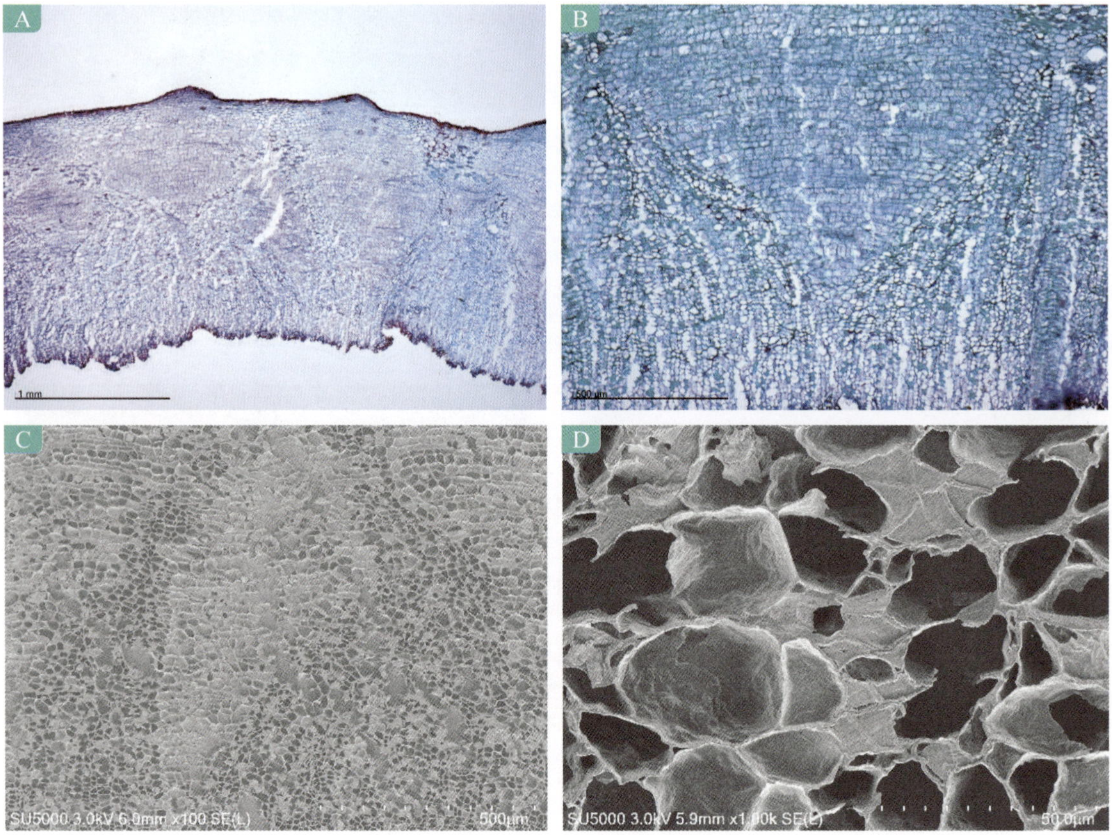

图5 密毛苎麻皮生物结构图

（**A**）超景深显微镜图（×**100**）；（**B**）超景深显微镜图 ×**200**）；

（**C**）扫描电镜图（×**100**）；（**D**）扫描电镜图（×**1000**）

【纤维形态分析】

密毛苎麻韧皮纤维形态分析结果见表2。

表2 密毛苎麻韧皮纤维形态分析结果

<table>
<tr><th rowspan="3">项目 / 名称</th><th colspan="5">纤维图像分析仪</th><th colspan="3">光学显微镜法</th></tr>
<tr><th colspan="3">平均长度/mm</th><th rowspan="2">宽度/μm</th><th rowspan="2">长宽比</th><th rowspan="2">壁厚/μm</th><th rowspan="2">胞腔直径/μm</th><th rowspan="2">壁腔比</th></tr>
<tr><th>算术平均</th><th>长度加权</th><th>重量加权</th></tr>
<tr><td>密毛苎麻</td><td>0.41</td><td>1.55</td><td>2.92</td><td>21.66</td><td>72</td><td>6.20</td><td>15.29</td><td>0.81</td></tr>
</table>

注：长宽比=长度加权平均长度/宽度。

【纤维微观形貌】

图6为密毛苎麻韧皮纤维的光学显微镜图。由图可以看出，密毛苎麻韧皮纤维经赫氏染色剂染色后呈暗紫色。纤维柔软细长，粗细均匀。纤维两端逐渐变细，端部多呈钝圆形，少部分为钝尖状。部分纤维表面有不明显、极浅细的横节纹，细胞腔亦不明显。

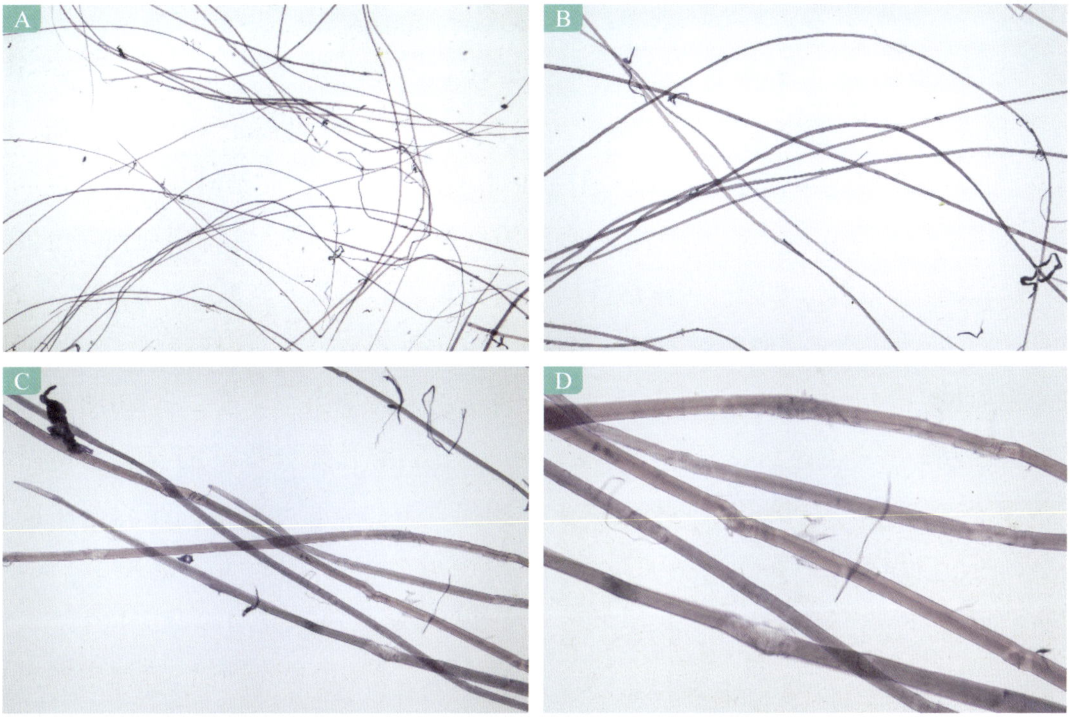

图6 密毛苎麻韧皮纤维光学显微镜图

（A）40×；（B）100×；（C）200×；（D）400×

图7为密毛苎麻韧皮纤维的扫描电镜图。从图7可看出，密毛苎麻韧皮纤维细长，

图7

（A）100×；（B）500×

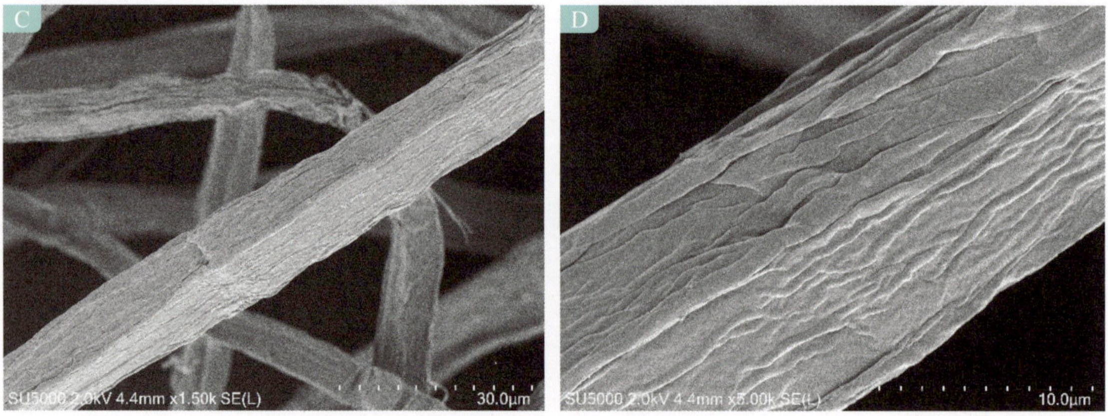

图7 密毛苎麻韧皮纤维扫描电镜图

（C）1500×；（D）5000×

呈棱柱状，纤维宽度较均匀；从图7（D）中可以观察到纤维表面存在明显纵向褶皱。

【纤维物理性质】

由表3可见，密毛苎麻韧皮纤维的结晶度为85.2%；使用比重瓶法测定的纤维密度为1.72g·cm^{-3}，略高于同科属的束序苎麻（1.70g·cm^{-3}）；平均微纤丝角度为9°～13°；纤维干法和湿法零距抗张指数分别为34.5N·m·g^{-1}和18.9N·m·g^{-1}；纤维活化能为100.8kJ·mol^{-1}。

表3 密毛苎麻韧皮纤维物理性质

项目 名称	纤维密度 /g·cm^{-3}	结晶度 /%	微纤丝角 /°	零距抗张指数/N·m·g^{-1}		热重分析活化能 /kJ·mol^{-1}
				干法	湿法	
密毛苎麻	1.72	85.2	9~13	34.5	18.9	100.8

3.2 水麻属 *Debregeasia* Gaudichaud-Beaupré

3.2.1 水麻 *Debregeasia orientalis* C. J. Chen

【形态特征】

灌木，高达1～4米，小枝纤细，暗红色，常被贴生的白色短柔毛，以后渐变无毛，见图1。托叶披针形，长6～8毫米，先端浅2裂，背面纵肋上疏生短柔毛；叶柄短，长3～10毫米，稀更长，毛被同幼枝；叶片纸质或薄纸质，长圆状狭披针形或条状披针形，基部圆形或宽楔形，先端渐尖或短渐尖，长5～18（～25）厘米，宽1～2.5（～3.5）厘米，边缘有不等的细锯齿，上面暗绿色，常有泡状隆起，疏生短糙毛，钟乳体点状，背面被白色或灰绿色毡毛；基出脉3条，其侧出2条达中部边缘，近直伸，二级脉3～5对；细脉结成细网，各级脉在背面突起。花序雌雄异株，稀同株；生于上年生枝和老枝的叶腋，2回二歧分枝或二叉分枝，具短梗或无梗，长1～1.5厘米；每分枝的顶端各生一球状团伞花簇，雄的团伞花簇直径4～6毫米，雌的直径3～5毫米；苞片宽倒卵形，长约2毫米；雄花在芽时扁球形，径1.5～2毫米，花被片4，混生于雌花序上的雄花花被片3～4枚，在下部合生，裂片三角状卵形，背面疏生微柔毛，雄蕊4，退化雌蕊倒卵形，长约0.5毫米，在基部密生白色绵毛；雌花近无梗，倒卵形，长约0.7毫米；花被薄膜质紧贴于子房，倒卵形，顶端有4齿，外面近无毛，柱头画笔头状，从一小圆锥体上生出一束柱头毛。瘦果小浆果状，倒卵形，长约1毫米，橙黄色，包被宿存肉质花被，见图2。花期3～4月，果期5～7月。

图1 果枝（甘啟良 拍摄）

图2 果实（甘啟良 拍摄）

【生长环境】

常生于海拔300～2800米的溪流两岸荫蔽、潮湿地方。

【地理分布】

产于中国西藏、云南、广西、贵州、四川、甘肃、陕西、湖北、湖南、台湾；在不丹、印度、日本和尼泊尔也有分布。

图3 水麻皮纤维原料图

【用途】

茎皮纤维可代麻用和作人造棉原料，叶作饲料，果可食用，根、叶可入药。

【纤维原料形貌】

水麻皮纤维原料形貌如图3。

【化学组成】

表1为水麻皮的化学组成。水麻皮的灰分含量为13.07%；纤维素及半纤维素的含量分别为46.13%和13.63%；水麻皮的苯醇抽出物和热水抽出物的含量分别为5.19%和9.06%；酸溶木素和酸不溶木素含量分别为3.43%和10.80%。

表1 水麻皮化学组成

组分	纤维素	半纤维素	抽出物		木素		灰分
			苯醇抽出物	热水抽出物	酸不溶木素	酸溶木素	
含量/%	46.13	13.63	5.19	9.06	10.80	3.43	13.07

【纤维原料生物结构】

图4为水麻皮的生物结构图。从图中可以看出，水麻皮从外到内依次为表皮、周皮和韧皮部，其中韧皮部主要由韧皮纤维、韧皮薄壁细胞和韧皮射线等构成。纤维细胞壁厚、腔小，星散分布，与薄壁细胞交错排列。射线细胞向外逐渐增大，从单列逐渐变成多列，在韧皮部占比大。无明显石细胞。此外，少量高木质化的纤维细胞整体呈长条状分布于靠近表皮一侧。

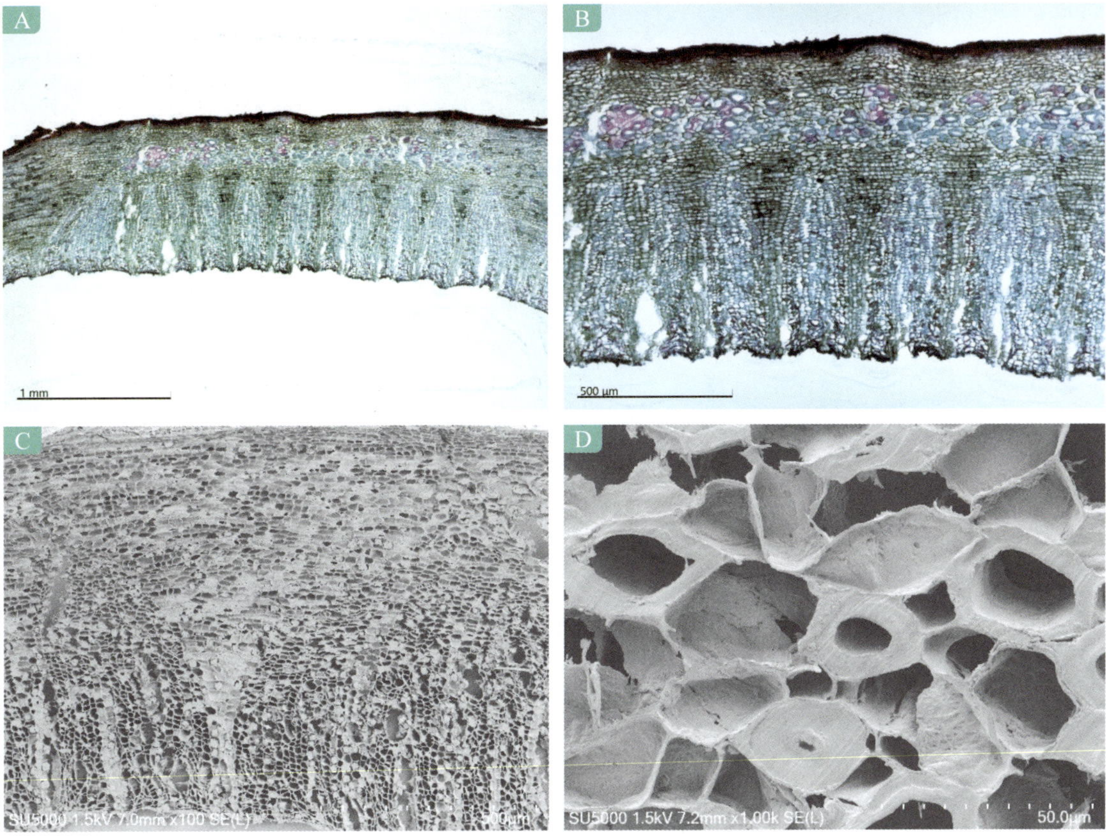

图4 水麻皮生物结构图

(**A**) 超景深显微镜图（×**100**）；(**B**) 超景深显微镜图（×**200**）；
(**C**) 扫描电镜图（×**100**）；(**D**) 扫描电镜图（×**1000**）

【纤维形态分析】

水麻韧皮纤维形态分析结果见表2。

表2 水麻韧皮纤维形态光学显微镜法分析结果

项目 名称	数量平均纤维长度/mm	宽度/μm	长宽比	壁厚/μm	胞腔直径/μm	壁腔比
水麻	6.58	17.64	373	5.28	4.60	2.30

注：长宽比=数量平均纤维长度/宽度。

【纤维微观形貌】

图5为水麻韧皮纤维的光学显微镜图。如图所示，水麻韧皮纤维经赫氏染色剂染色后呈粉紫色或浅紫色。纤维整体细长，粗细均匀。纤维靠近端部处逐渐变细，端部多为钝

圆形。纤维细胞腔不明显，几乎不可见。部分纤维表面横节纹明显，浅细节纹分布均匀。

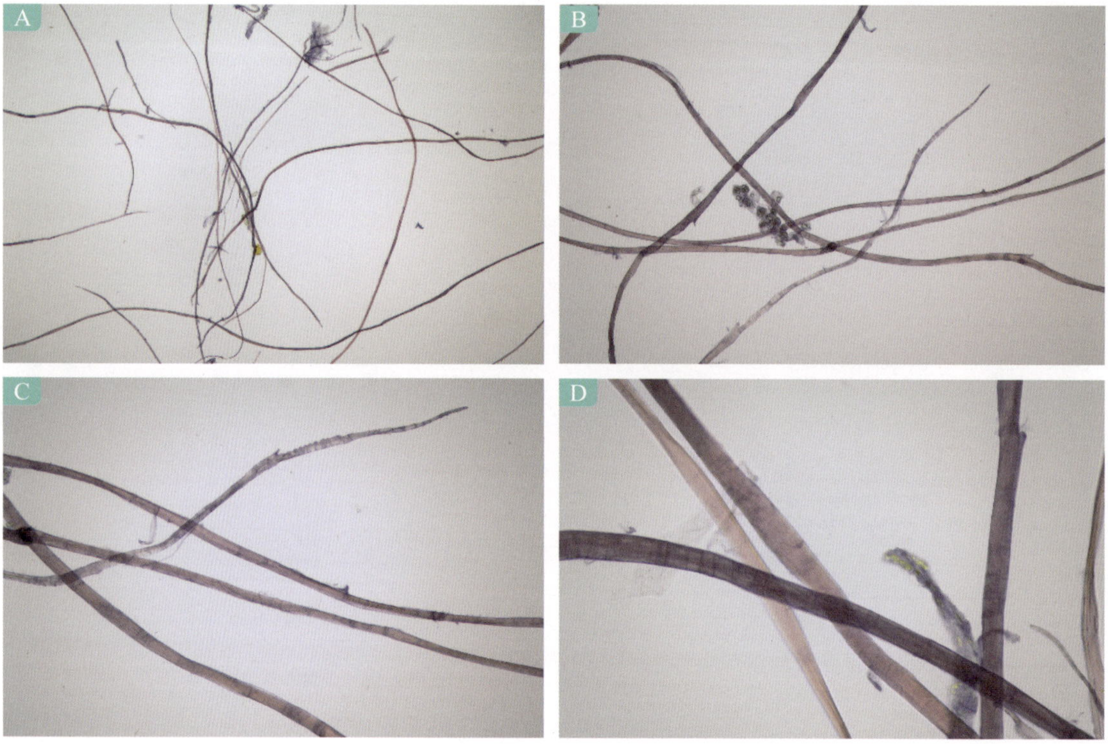

图5 水麻韧皮纤维光学显微镜图

（A）40×；（B）100×；（C）200×；（D）400×

图6为水麻韧皮纤维的扫描电镜图。从图中可以看出，水麻韧皮纤维整体细长，粗细均匀，纤维端部较细，纤维表面褶皱明显。

【纤维物理性质】

由表3可见，水麻韧皮纤维的结晶度为83.1%，低于同科的密毛苎麻（85.2%）；

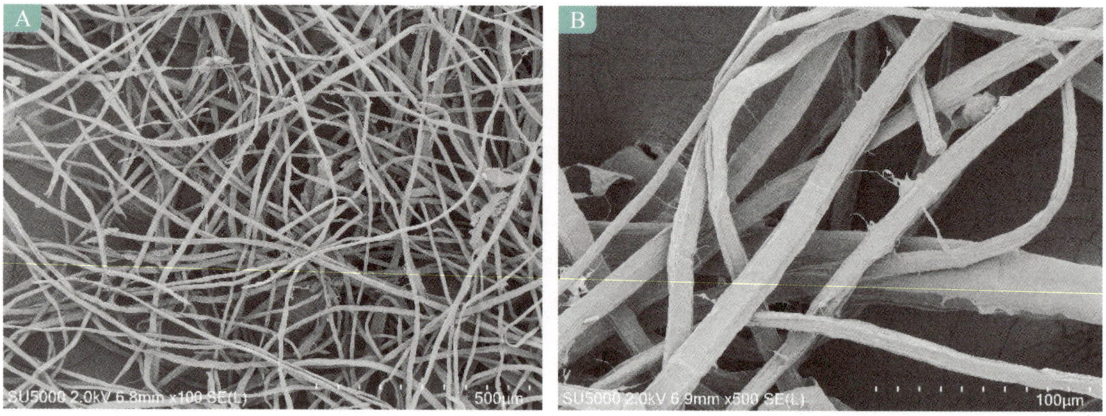

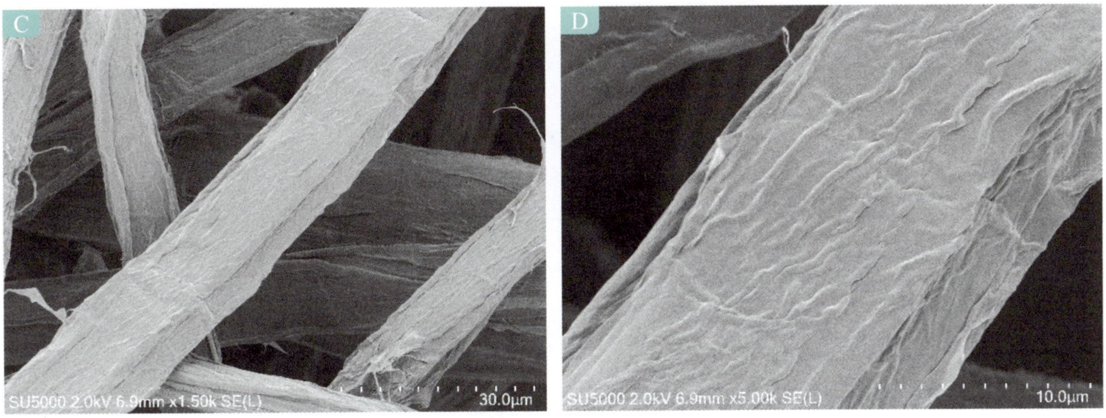

图6 水麻韧皮纤维扫描电镜图

（A）100×；（B）500×；（C）1500×；（D）5000×

使用比重瓶法测定的纤维密度为1.74g · cm^{-3}；平均微纤丝角度为9°～33°；纤维干法和湿法零距抗张指数分别为66.2N · m · g^{-1}和23.6N · m · g^{-1}；纤维活化能为118.3kJ · mol^{-1}。

表3 水麻韧皮纤维物理性质

项目 / 名称	纤维密度 /g · cm^{-3}	结晶度 /%	微纤丝角 /°	零距抗张指数/N · m · g^{-1}		热重分析活化能 /kJ · mol^{-1}
				干法	湿法	
水麻	1.74	83.1	9~33	66.2	23.6	118.3

3.2.2 长叶水麻 *Debregeasia longifolia* (Burman F.) Weddell

【形态特征】

小乔木或灌木，高3～6米。小枝纤细，棕红色或褐紫色，密被伸展的灰色或褐色的粗毛，后渐脱落，见图1。托叶长圆状披针形，长6～10毫米，先端2裂至上部的近三分之一处，背面被短柔毛；叶柄长1～4厘米，毛被同幼枝；叶片纸质，长圆状或倒卵状披针形，有时近条形或狭卵形，基部圆形或微缺，稀宽楔形，先端渐尖，长7～18（～23）厘米，宽1.5～5（～6.5）厘米，边缘具细牙齿或细锯齿，上面深绿色，疏生细糙毛，有泡状隆起，下面灰绿色，在脉网内被一层灰白色的短毡毛，脉上密生灰色或褐色粗毛，基出脉3条，侧脉5～8（～10）对，近边缘网结，并向外分出细脉达齿尖，细脉交互横生结成细网，各级脉在下面隆起，见图2。花序雌雄异株，稀同株，着生在当年生枝、往年生枝的叶腋，2～4回的二歧分枝，长约1～2.5厘米；花序梗0.3～3厘米，密被伸展的短毛，团伞花簇直径3～4毫米；苞片长三角状卵形，长约1毫米，膜质；雄花具短梗，在芽中倒卵球形，直径约1.2～1.5毫米，花被片4，在中部合生，三角状卵形，背面被毛，雄蕊4枚，退化雌蕊倒卵珠形，近无柄；雌花几无梗，倒卵形，长约0.8毫米，花被管膜质，顶端4齿，子房倒卵形，具短柄，柱头短圆锥状，宿存。瘦果红色或金黄色，长约1～1.5毫米，包被宿存花被，见图3。花期8～12月，果期9月至次年2月。

图1 植株（亚吉东 拍摄）

图2 叶子（亚吉东 拍摄）

图3 果实（亚吉东 拍摄）

【生长环境】

生于海拔500～3200米的山谷、溪边灌丛和森林中的湿润处。

【地理分布】

产于中国西藏、云南、广西、广东、贵州、四川、陕西、甘肃和湖北；在印度、尼泊尔、不丹、斯里兰卡、缅甸、越南、老挝、马来半岛、菲律宾也有分布。

【用途】

茎皮纤维可代麻用和作人造棉原料，叶作饲料，果可食用，根、叶可入药。

【纤维原料形貌】

长叶水麻皮纤维原料形貌如图4。

图4 长叶水麻皮纤维原料图

【化学组成】

表1为长叶水麻皮的化学组成。长叶水麻皮的灰分含量为2.70%；纤维素及半纤维素含量分别为28.48%和8.08%；苯醇抽出物和热水抽出物的含量分别为9.31%和13.16%；酸溶木素和酸不溶木素含量分别为1.12%和21.09%。

表1　长叶水麻皮化学组成

组分	纤维素	半纤维素	抽出物		木素		灰分
			苯醇抽出物	热水抽出物	酸不溶木素	酸溶木素	
含量/%	28.48	8.08	9.31	13.16	21.09	1.12	2.70

【纤维原料生物结构】

图5为长叶水麻皮的生物结构图。从图中可以看出，长叶水麻皮从外到内依次为表皮、周皮和韧皮部，其中韧皮部主要由韧皮纤维、韧皮薄壁细胞和韧皮射线等构成。纤维细胞壁厚、腔小，呈星散分布，与韧皮薄壁细胞交错排列，多分布于韧皮部内侧。射线细胞由内向外从单列逐渐变成多列，可延伸至靠近表皮处，在韧皮部占比大。

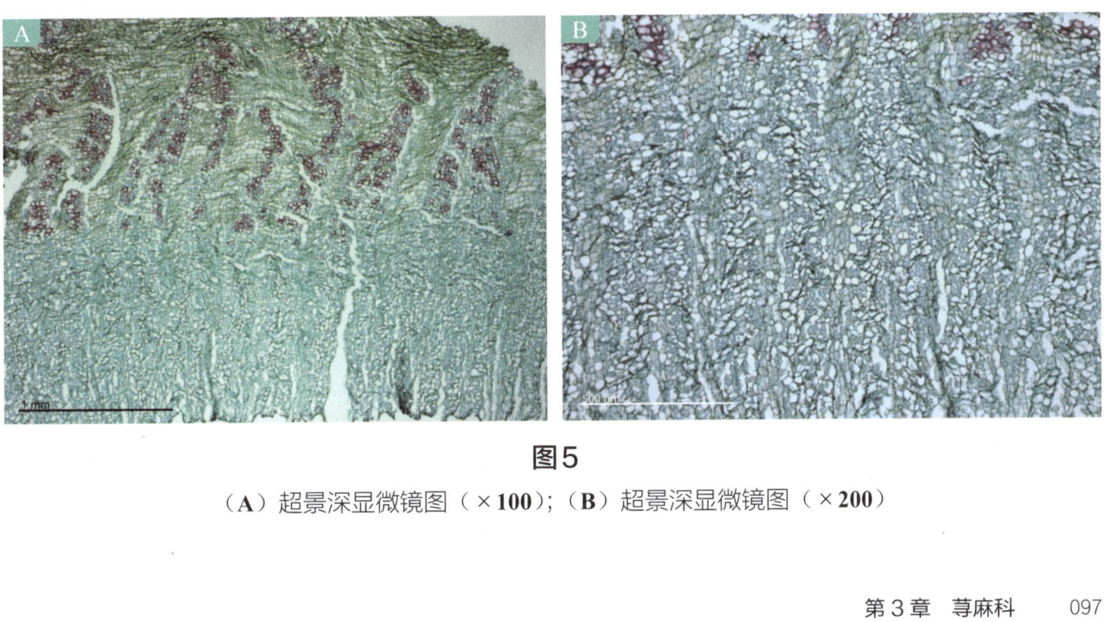

图5

(**A**) 超景深显微镜图 (×**100**)；(**B**) 超景深显微镜图 (×**200**)

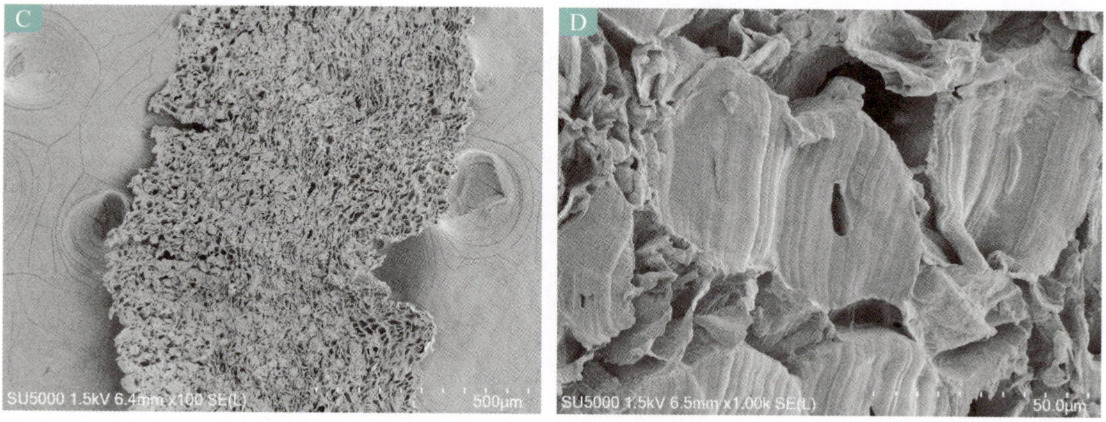

图5 长叶水麻皮生物结构图

（**C**）扫描电镜图（×**100**）；（**D**）扫描电镜图（×**1000**）

【纤维形态分析】

长叶水麻韧皮纤维形态分析结果见表2。

表2 长叶水麻韧皮纤维形态光学显微镜法分析结果

项目 名称	数量平均纤维长度/mm	宽度/μm	长宽比	壁厚/μm	胞腔直径/μm	壁腔比
长叶水麻	4.71	16.59	284	14.13	9.14	3.09

注：长宽比=数量平均纤维长度/宽度。

【纤维微观形貌】

图6为长叶水麻韧皮纤维的光学显微镜图。从图中可以看出，解离得到的长叶水麻韧皮纤维经赫氏染色剂染色后呈紫色。纤维有一定弯曲度，两端逐渐变细，端部多为钝圆形，少部分呈钝尖状。纤维细胞腔不明显，几乎不可见。部分纤维表面存在明

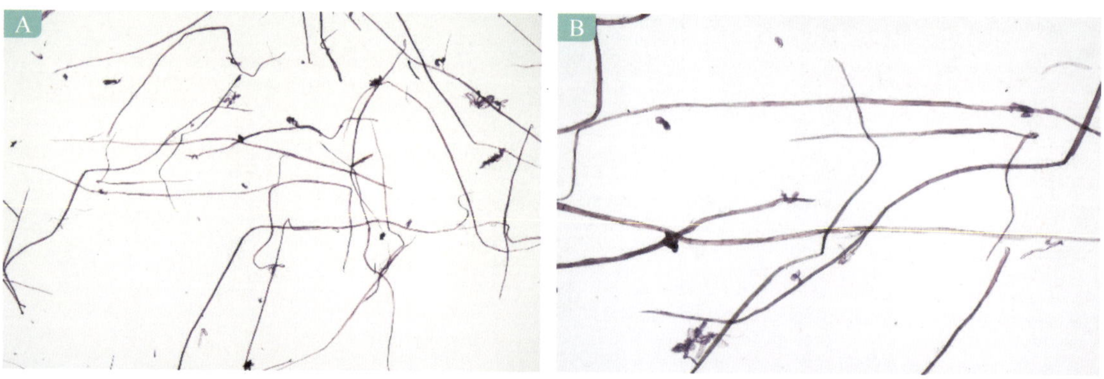

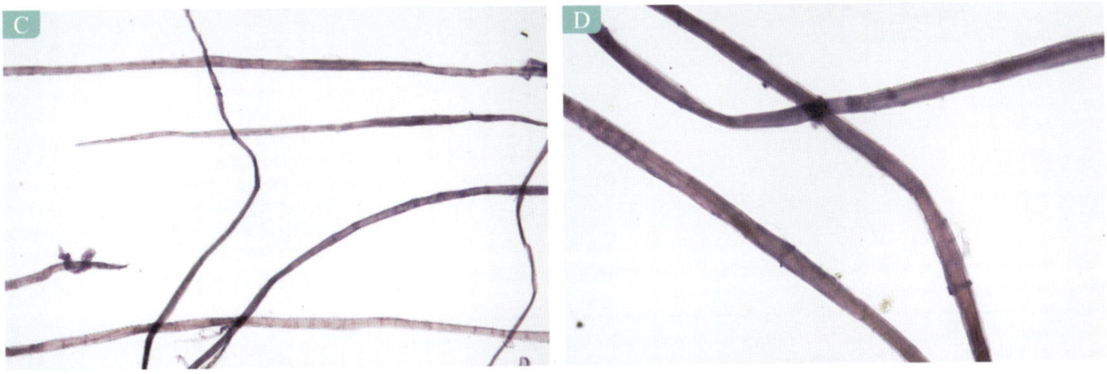

图6 长叶水麻韧皮纤维光学显微镜图

（A）40×；（B）100×；（C）200×；（D）400×

显的浅细横节纹，其分布不均，密集处呈网状。

图7为长叶水麻韧皮纤维的扫描电镜图。如图所示，长叶水麻韧皮纤维柔软细长，纤维中存在少量杂细胞；纤维呈扁平状，纤维宽度分布范围较大。

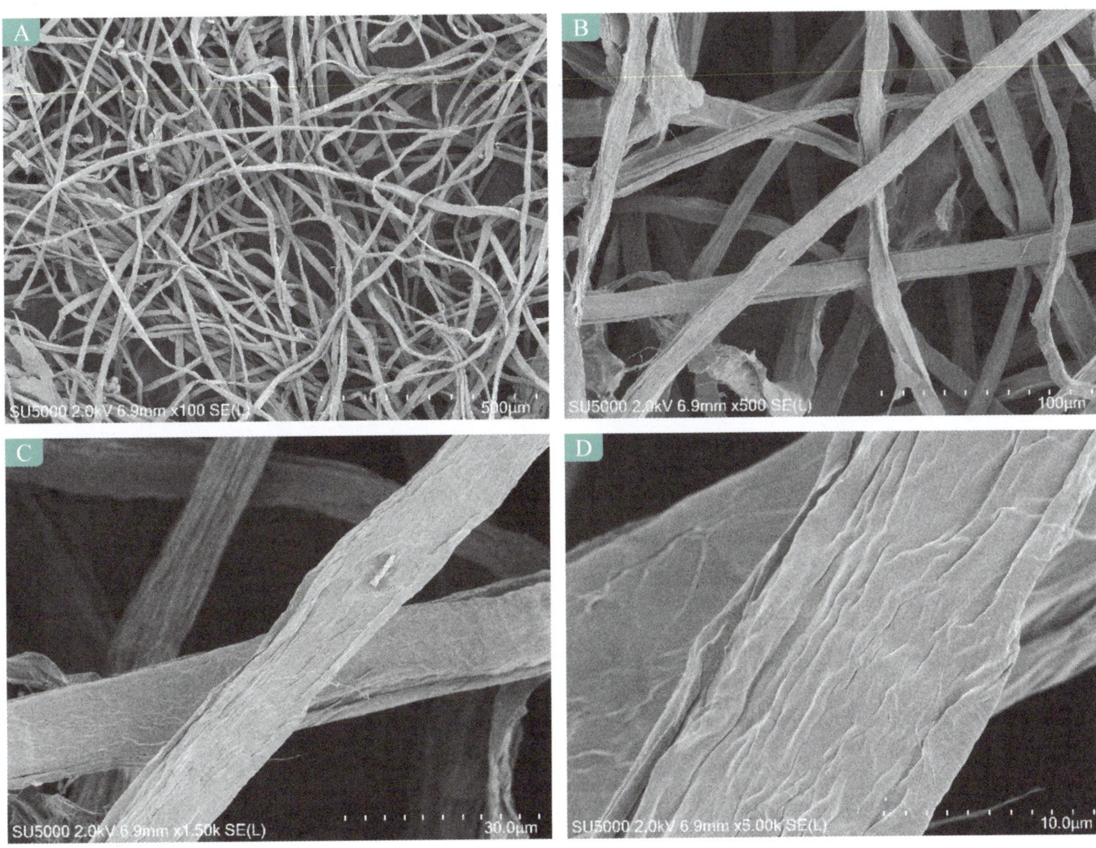

图7 长叶水麻韧皮纤维扫描电镜图

（A）100×；（B）500×；（C）1500×；（D）5000×

【纤维物理性质】

由表3可见，长叶水麻韧皮纤维的结晶度为84.6%；使用比重瓶法测定的纤维密度为1.69g·cm^{-3}；平均微纤丝角度为8°～28°；纤维干法和湿法零距抗张指数分别为44.1N·m·g^{-1}和25.0N·m·g^{-1}。纤维活化能为104.7kJ·mol^{-1}。

表3　长叶水麻韧皮纤维物理性质

项目 名称	纤维密度 /g·cm^{-3}	结晶度 /%	微纤丝角 /°	零距抗张指数/N·m·g^{-1}		热重分析活化能 /kJ·mol^{-1}
				干法	湿法	
长叶水麻	1.69	84.6	8~28	44.1	25.0	104.7

3.3　荨麻属 *Urtica* Linnaeus

3.3.1　滇藏荨麻 *Urtica mairei* H. Léveillé

【形态特征】

多年生草本，有较长的木质化根状茎；茎粗状，高达1米，四棱形，密生或疏生刺毛和短毛，少分枝，见图1。托叶每节2枚，在叶柄间合生，草质，长圆形或宽卵状长圆形，长10～15毫米，先端钝，具纵肋7～10条，两面生微柔毛，有时疏生刺毛，钟乳体；叶柄长3～8厘米，密生或疏生刺毛和短柔毛；叶片草质，宽卵形或心形，长6～15厘米，宽3～10厘米，基部心形，先端短渐尖，边缘具重锯齿或多个裂片，裂片近三角形，边缘具细齿，上面疏生刺毛和糙毛，下面（尤在脉上）密生或疏生刺毛和密生短柔毛或短粗毛，钟乳体点状，稀短杆状；基出脉常5条，下部一对较短而细，上部一对伸达中部裂片尖部或与相近的侧脉网结，侧脉3～5对。雌雄同株，雄花序生于下部叶腋，雌花序生于上部叶腋；花序圆锥状，开展，长过叶柄，序轴有刺毛和短柔毛；雄花几乎无梗，在芽中直径约1毫米，花被片4，合生至中部，裂片卵形，外面疏生微糙毛，退化雌蕊碟状，具柄，长约0.3毫米；雌花具细长花梗，花被片基部合生，近圆形。瘦果长圆球形或近球形，稍扁，约1毫米，具不明显的细疣点，花被片宿存，见图2。花期5～8月，果期7～12月。

图1 植株（刘成 拍摄）

图2 果实（刘成 拍摄）

【生长环境】

生于海拔1500～3400米的林下、灌丛、溪流边、路边潮湿处。

【地理分布】

产于中国西藏、云南和四川；在印度、不丹和缅甸也有分布。

【用途】

药用，食用。

【纤维原料形貌】

滇藏荨麻皮纤维原料形貌如图3。

图3 滇藏荨麻皮纤维原料图

【化学组成】

表1为滇藏荨麻茎杆的化学组成，其灰分含量为10.84%；纤维素含量为40.70%；半纤维素的含量为12.33%；苯醇抽出物和热水抽出物的含量分别为1.82%、7.53%；酸溶木素和酸不溶木素含量分别为1.95%、19.92%。

表1 滇藏荨麻茎杆化学组成

组分	纤维素	半纤维素	抽出物		木素		灰分
			苯醇抽出物	热水抽出物	酸不溶木素	酸溶木素	
含量/%	40.70	12.33	1.82	7.53	19.92	1.95	10.84

【纤维原料生物结构】

图4为滇藏荨麻皮的生物结构图。从图中可以看出，滇藏荨麻皮从外到内依次为表皮、周皮和韧皮部，其中韧皮部主要由韧皮纤维和韧皮薄壁细胞等构成。韧皮纤维细胞壁厚、腔小，与薄壁细胞交错排列。此外，有些木质化较高的纤维细胞零散分布于靠近表皮处。与同科的水麻属相比，韧皮部较薄，结构较为简单。

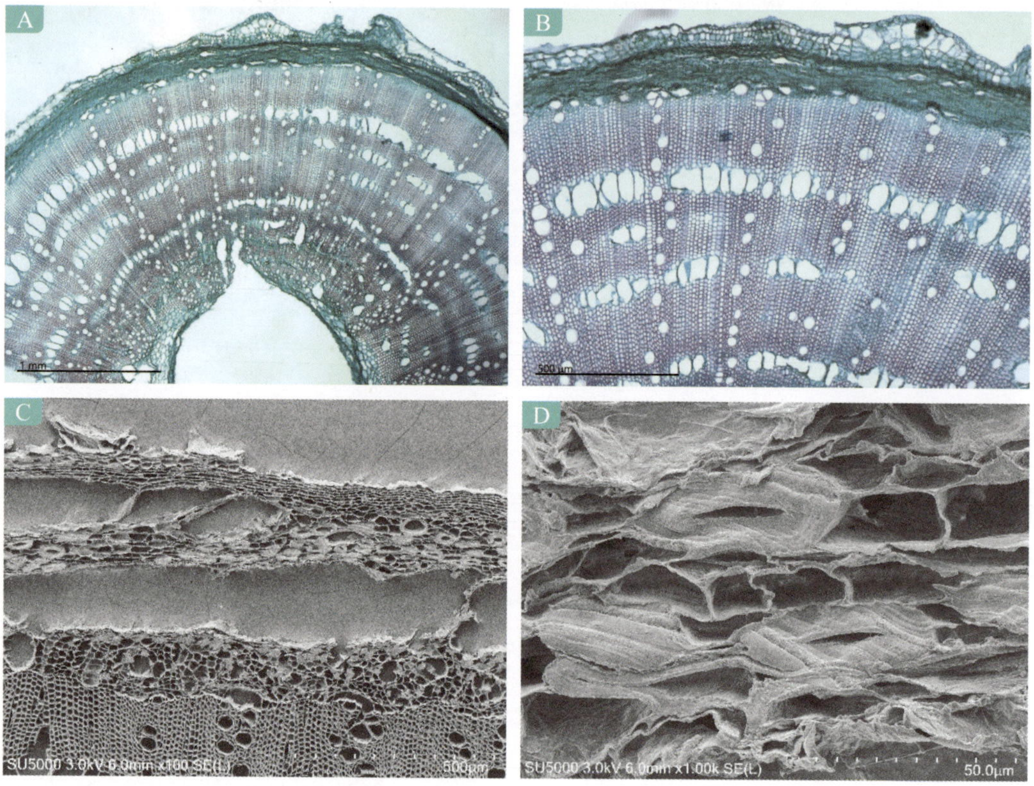

图4 滇藏荨麻皮生物结构图

(**A**) 超景深显微镜图 (×**100**)；(**B**) 超景深显微镜图 (×**200**)；
(**C**) 扫描电镜图 (×**100**)；(**D**) 扫描电镜图 (×**1000**)

【纤维形态分析】

滇藏荨麻韧皮纤维形态分析结果见表2。

表2 滇藏荨麻韧皮纤维形态光学显微镜法分析结果

项目 名称	数量平均纤维长度/mm	宽度/μm	长宽比	壁厚/μm	胞腔直径/μm	壁腔比
滇藏荨麻	14.20	85.18	167	5.63	9.25	1.22

注：长宽比=数量平均纤维长度/宽度。

【纤维微观形貌】

图5为滇藏荨麻韧皮纤维的光学显微镜图。从图中可以看出，滇藏荨麻韧皮纤维经赫氏染色剂染色后呈酒红色或棕红色。纤维较长、呈圆柱形，纤维宽度差异较大。纤维中段稍有加宽现象，端部多为钝圆状。纤维表面有明显且均匀的横节纹。部分纤维细胞腔隐约可见。

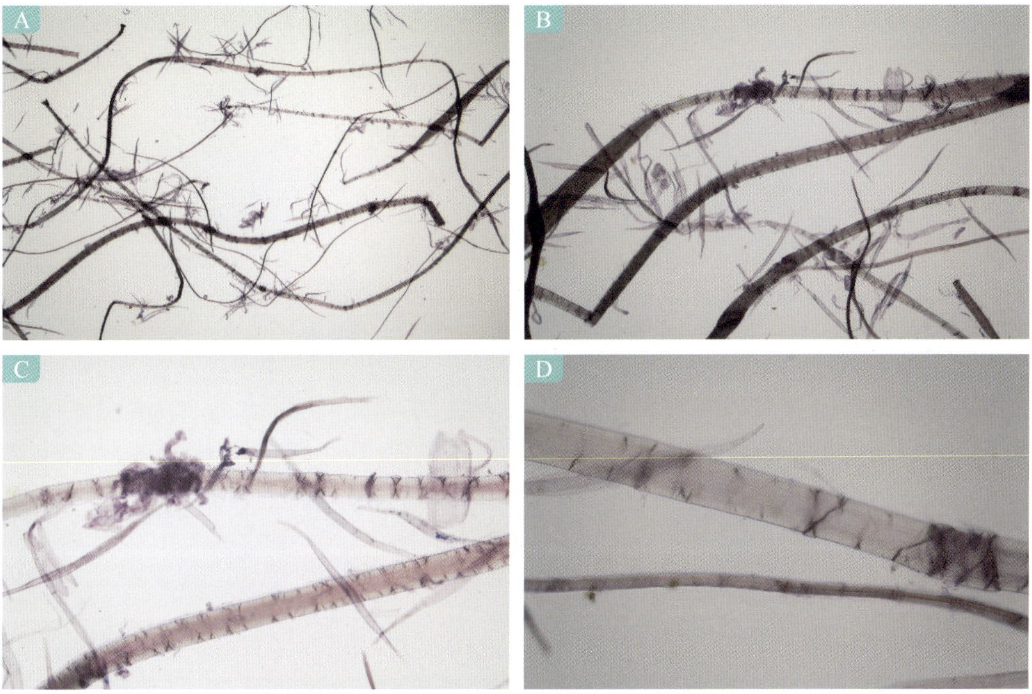

图5 滇藏荨麻韧皮纤维光学显微镜图

（A）40×；（B）100×；（C）200×；（D）400×

图6为滇藏荨麻韧皮纤维的扫描电镜图。如图所示，滇藏荨麻韧皮纤维整体呈现

图6

（A）100×；（B）500×

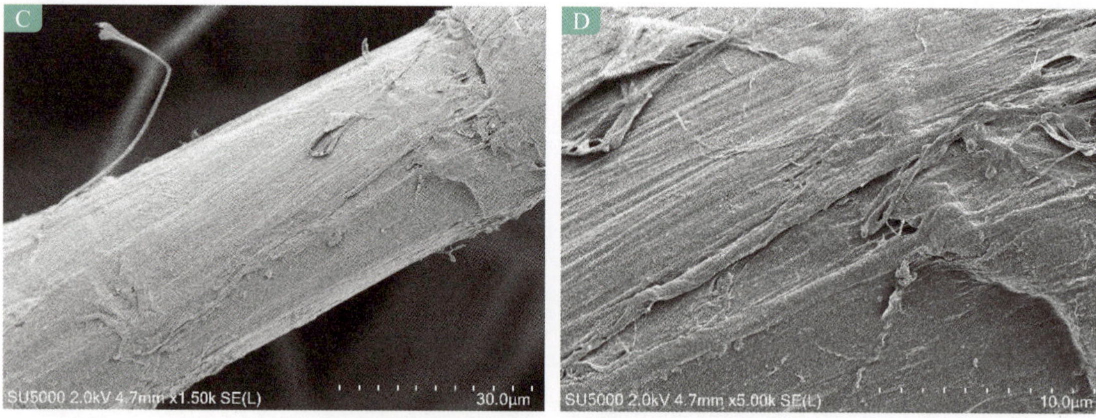

图6　滇藏荨麻韧皮纤维扫描电镜图

（C）1500×；（D）5000×

圆柱状，纤维宽度差异较大，存在较多的杂细胞，纤维表面较为光滑。

【纤维物理性质】

由表3可见，滇藏荨麻韧皮纤维的结晶度为83.7%；使用比重瓶法测定的纤维密度为1.56 g · cm^{-3}；微纤丝角度平均为13°～31°；纤维干法和湿法零距抗张指数分别为84.4 N · m · g^{-1}和29.5 N · m · g^{-1}，略高于同科的水麻（23.6 N · m · g^{-1}）和长叶水麻（25.0 N · m · g^{-1}）；纤维活化能为109.6 kJ · mol^{-1}。

表3　滇藏荨麻韧皮纤维物理性质

项目 名称	纤维密度 /g · cm^{-3}	结晶度 /%	微纤丝角 /°	零距抗张指数/N · m · g^{-1}		热重分析活化能 /kJ · mol^{-1}
				干法	湿法	
滇藏荨麻	1.56	83.7	13~31	84.4	29.5	109.6

3.4　蝎子草属 *Girardinia* Gaudichaud-Beaupré

3.4.1　大蝎子草 *Girardinia diversifolia* (Link) Friis

【形态特征】

多年生草本，茎下部常木质化，茎高达2米，具5棱，生刺毛和细糙毛或伸展的柔毛，多分枝，见图1。托叶大，长圆状卵形，长1～3厘米，疏生糙毛；叶柄长3～15厘米，毛被同茎上的；叶片宽卵形、扁圆形或五角形，有时三裂，茎干的叶较大，分枝上的叶较小，长5～25厘米，宽4～23厘米，基部宽心形或近截形，先端短渐尖或急尖，具3、5或7深裂片，稀不裂，边缘有规则的锯齿或有时在叶基部具重锯齿，上面疏生刺毛和糙伏毛，下面生糙伏毛或短硬毛和在脉上疏生刺毛；基生脉3条。花雌雄异株或同株，雌花序生于上部叶腋，雄花序生于下部叶腋；雄花序多次二叉状分枝排成总状或近圆锥状，长5～11厘米；雌花序总状或近圆锥状，稀长穗状，长1～28厘米，具粗毛和硬毛；雄花近无梗，在芽时直径约1毫米，花被片4，卵形，内凹，外面被毛，花药4枚，退化雌蕊杯状；雌花长约0.5毫米，花被片大的一枚舟形，长约0.4毫米（在果时增长至约1毫米），先端有3齿，背面疏生糙毛，小的一枚条形，较短，子房狭长圆状卵形，见图2。瘦果近心形至宽卵形，稍扁，直径约1.5～3毫米，熟时变棕黑色，表面有粗疣点，见图3。花期9～10月，果期10～11月。

图1 植株（李永亮 拍摄）

图2 花序（刘成 拍摄）

图3 果序（刘成 拍摄）

【生长环境】

生于（100～）300～2800米的山谷、溪旁、山地林边或疏林下阴湿地方。

【地理分布】

产于中国西藏、云南、贵州、四川、重庆、甘肃、河北、河南、湖北、吉林、辽宁、内蒙古、湖南、陕西、江西、浙江、台湾；在韩国、不丹、尼泊尔、印度、斯里兰卡、马来西亚、印度尼西亚等国也有分布。

【用途】

茎秆及纤维坚韧，可制绳索等。

【纤维原料形貌】

大蝎子草皮纤维原料形貌如图4。

图4 大蝎子草皮纤维原料图

【化学组成】

表1为大蝎子草皮的化学组成。大蝎子草皮的灰分含量为14.25%；纤维素及半纤维素的含量分别为28.90%和12.27%；苯醇抽出物和热水抽出物的含量分别为9.17%和15.20%；酸溶木素和酸不溶木素含量分别为4.89%和11.07%。

表1 大蝎子草皮化学组成

组分	纤维素	半纤维素	抽出物		木素		灰分
			苯醇抽出物	热水抽出物	酸不溶木素	酸溶木素	
含量/%	28.90	12.27	9.17	15.20	11.07	4.89	14.25

【纤维原料生物结构】

图5为大蝎子草皮的生物结构图。从图中可以看出，大蝎子草皮从外到内依次为

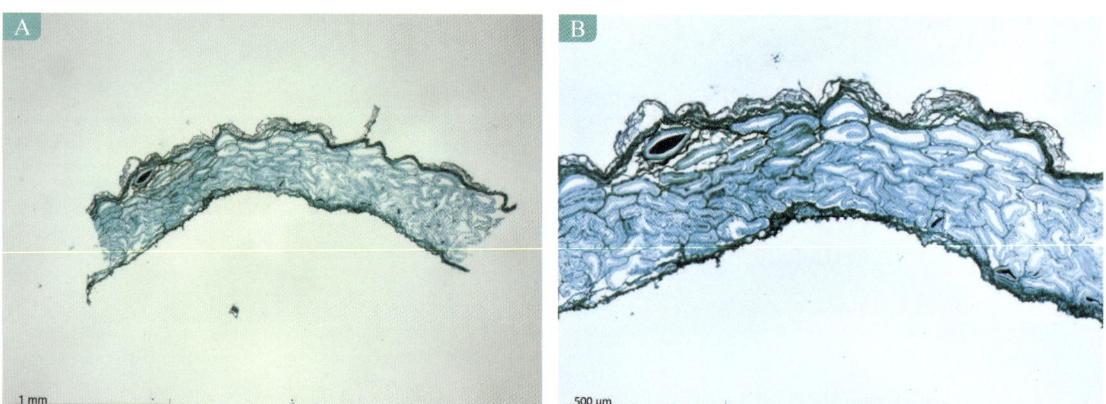

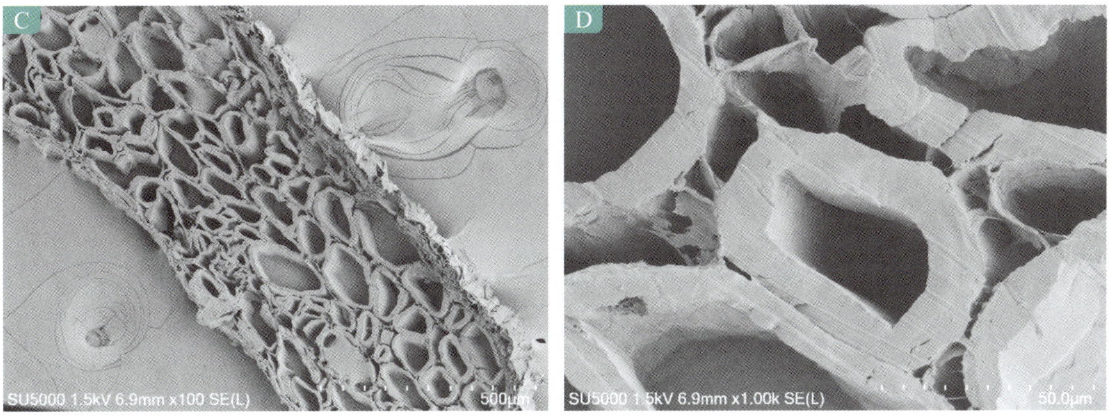

图5 大蝎子草皮生物结构图

（**A**）超景深显微镜图（×**100**）；（**B**）超景深显微镜图（×**200**）；

（**C**）扫描电镜图（×**100**）；（**D**）扫描电镜图（×**1000**）

表皮和韧皮部，其中韧皮部主要由韧皮纤维、韧皮薄壁细胞等构成。大蝎子草的横切面与本书记录的其他韧皮存在显著差异：韧皮纤维细胞壁薄、腔大，纤维零散分布，纤维在韧皮部占比大。此外，未见明显韧皮射线细胞以及石细胞。

【纤维形态分析】

大蝎子草韧皮纤维形态分析结果见表2。

表2 大蝎子草韧皮纤维形态光学显微镜法分析结果

项目 / 名称	数量平均纤维长度/mm	宽度/μm	长宽比	壁厚/μm	胞腔直径/μm	壁腔比
大蝎子草	9.28	141.24	66	2.84	3.40	1.67

注：长宽比=数量平均纤维长度/宽度。

【纤维微观形貌】

图6为大蝎子草韧皮纤维的光学显微镜图。从图中可以看出，大蝎子草韧皮纤维经赫氏染色剂染色后呈棕红色。纤维整体平直，粗细差异较大。细长纤维占比大，细胞腔几乎不可见；部分纤维粗长，细胞腔明显。部分纤维表面有横节纹，颜色多偏浅。细长纤维端部多为钝尖状，少部分呈钝圆状；部分大蝎子草韧皮纤维经润胀后产生“球状膨大”现象，偶有纤维连续膨大，呈串珠状，发生这种现象的原因可能是纤

维次生壁润胀后撑破了外层初生壁。部分纤维壁上可见浅色胶质膜。

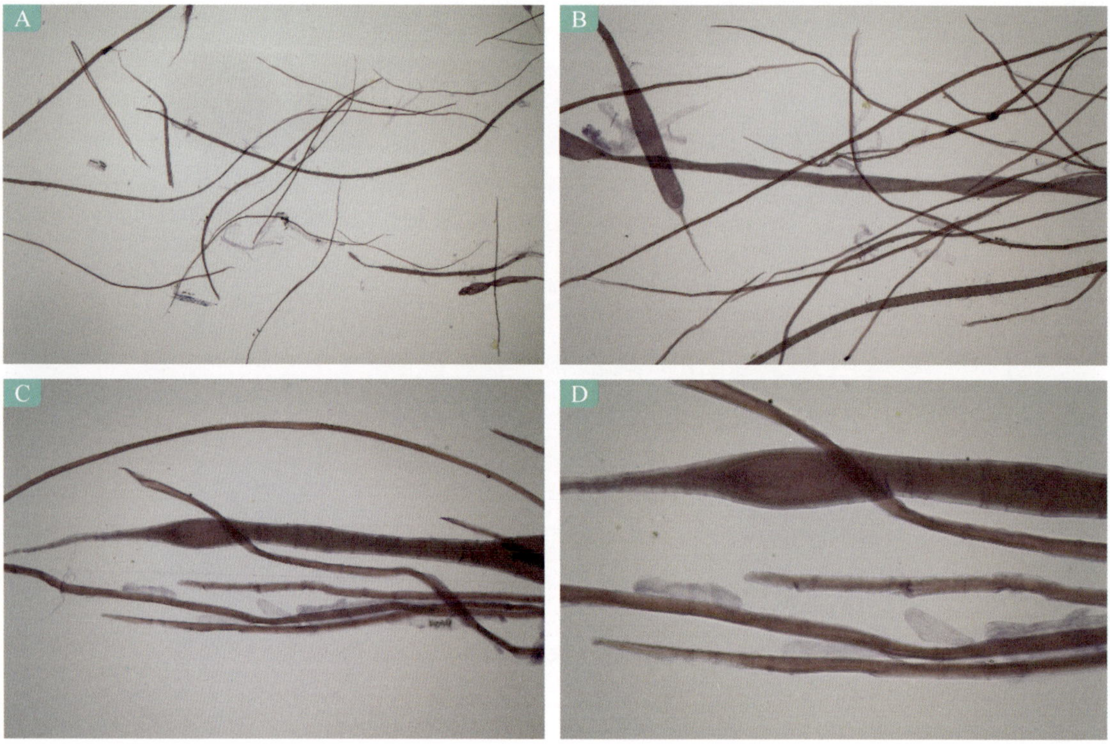

图6　大蝎子草韧皮纤维光学显微镜图

（A）40×；（B）100×；（C）200×；（D）400×

图7为大蝎子草韧皮纤维的扫描电镜图。如图所示，大蝎子草韧皮纤维宽度差异较大，粗纤维整体形态呈棱柱状，细纤维呈扁平带状；纤维表面褶皱较少。

【纤维物理性质】

由表3可见，大蝎子草韧皮纤维的结晶度为85.7%；使用比重瓶法测定的纤维密

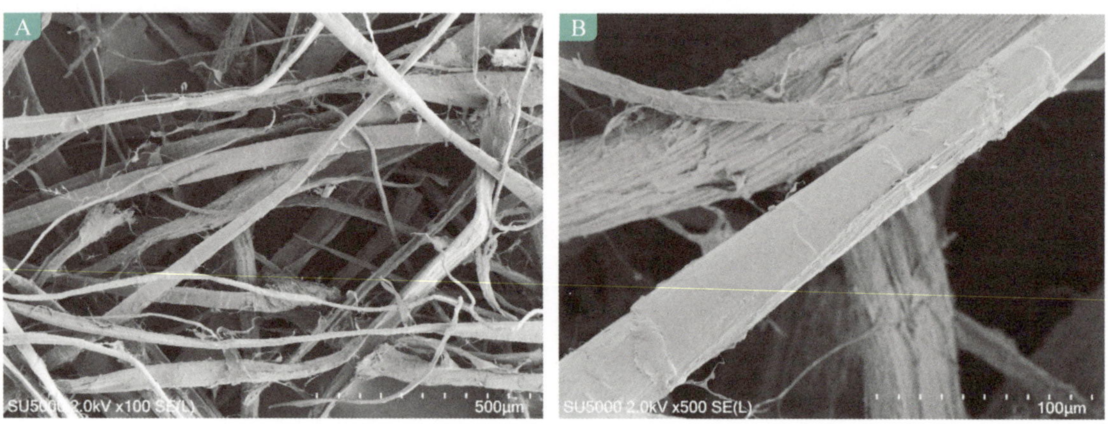

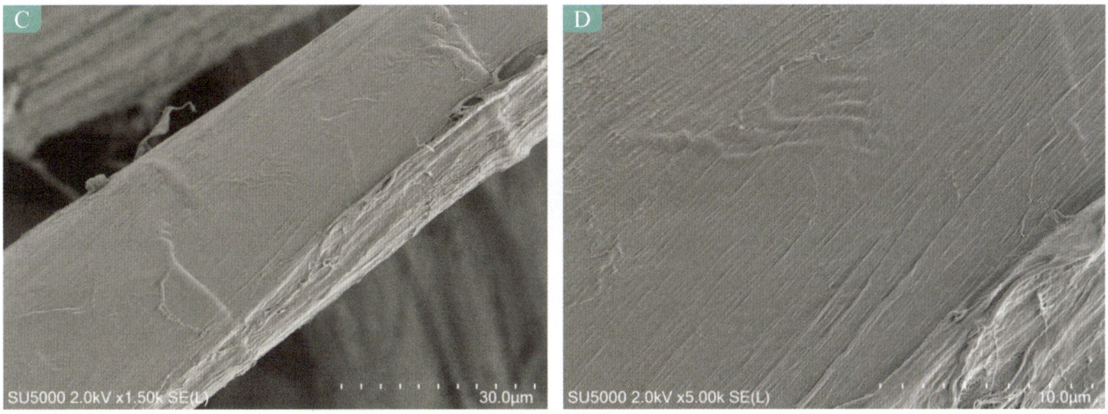

图7 大蝎子草韧皮纤维扫描电镜图

（A）100×；（B）500×；（C）1500×；（D）5000×

度为1.59g·cm^{-3}；平均微纤丝角度为14°～20°；纤维干法和湿法零距抗张指数分别为46.9N·m·g^{-1}和17.2N·m·g^{-1}；纤维活化能为138.4kJ·mol^{-1}，高于本书记录的同科的水麻（118.3kJ·mol^{-1}）和长叶水麻（104.7kJ·mol^{-1}）。

表3 大蝎子草韧皮纤维物理性质

项目 名称	纤维密度 /g·cm^{-3}	结晶度 /%	微纤丝角 /°	零距抗张指数/N·m·g^{-1}		热重分析活化能 /kJ·mol^{-1}
				干法	湿法	
大蝎子草	1.59	85.7	14~20	46.9	17.2	138.4

3.5 雾水葛属 *Pouzolzia* Gaudichaud-Beaupré

3.5.1 红雾水葛 *Pouzolzia sanguinea* (Blume) Merrill

【形态特征】

灌木，高0.5～3米；茎微红；小枝密被或疏被短糙毛，顶部稀数节无叶，节上生团伞花序，见图1。叶互生；托叶披针形，长3～5毫米；叶柄长0.4～1.2（～2.5）厘米；叶片薄纸质或纸质，狭卵形、椭圆状卵形或卵形，稀长圆形或披针形，长（1～）3～19厘米，宽（0.9～）1.5～9厘米，基部圆形或宽楔形，先端急尖或渐尖，边缘具8～14（19）锯齿，上面粗糙，稀疏被毛，下面被硬毛或密被贴伏毛，侧脉2对。团伞花序单性或两性，直径3～7毫米；苞片狭卵形，长达2～4毫米；雄花花被片4，合生至中部，船状椭圆形，长约1.6毫米，顶端急尖，外面有糙毛，雄蕊4，长约2毫米，花药长0.6毫米，退化雌蕊狭倒卵形，长约0.6毫米；雌花花被宽椭圆形或菱形，长0.8～1.2毫米，顶端有3或4个小齿，外面有稍密的毛，果期长约2毫米，柱头长0.8～1.5毫米，见图2。瘦果卵球形，稍扁，长约1～1.6毫米，淡黄白色，见图3。花期4～7月，果期7～8月。

图1　植株（朱鑫鑫 拍摄）

【生长环境】

图2　雄花（刘成 拍摄）

图3　果实（刘成 拍摄）

生于海拔300～2300米的温暖常绿阔叶林、灌丛、林缘、沟谷、路边。

【地理分布】

产于中国海南、广西、贵州、四川、云南、西藏；在越南、老挝、马来西亚、印度尼西亚、泰国、缅甸、印度、尼泊尔、不丹也有分布。

【用途】

茎皮及枝皮纤维可制绳、麻布与麻袋。

【纤维原料形貌】

红雾水葛皮纤维原料形貌如图4。

图4 红雾水葛皮纤维原料图

【化学组成】

表1为红雾水葛皮的化学组成。红雾水葛皮的灰分含量为12.96%；纤维素及半纤维素的含量分别为27.03%和5.38%；苯醇抽出物和热水抽出物的含量分别为11.31%和9.22%；酸溶木素和酸不溶木素含量分别为0.83%和14.46%，其中酸溶木素的含量均低于本书中列出的荨麻科其它属。

表1 红雾水葛皮化学组成

组分	纤维素	半纤维素	抽出物		木素		灰分
			苯醇抽出物	热水抽出物	酸不溶木素	酸溶木素	
含量/%	27.03	5.38	11.31	9.22	14.46	0.83	12.96

【纤维原料生物结构】

图5为红雾水葛皮的生物结构图。从图中可以看出，红雾水葛皮从外到内依次为表皮、周皮和韧皮部，其中韧皮部主要由韧皮纤维、韧皮薄壁细胞和韧皮射线等构成。纤维细胞胞腔小、壁厚，纤维零散分布，与韧皮薄壁细胞交错排列，纤维占比小，秩序性较差。射线细胞向外逐渐增大，从单列逐渐变成多列。此外，少量高度木质的纤维细胞呈团聚状分布于近表皮处。

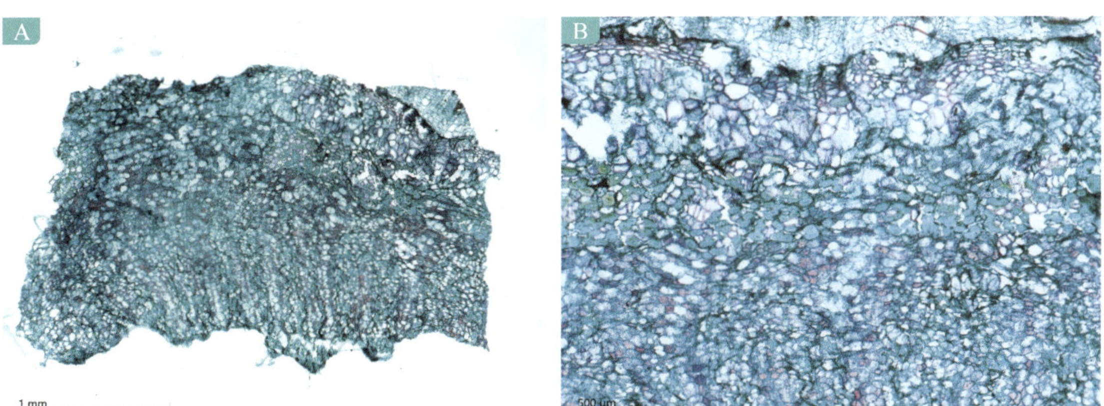

图5

(**A**) 超景深显微镜图（×**100**）；(**B**) 超景深显微镜图（×**200**）

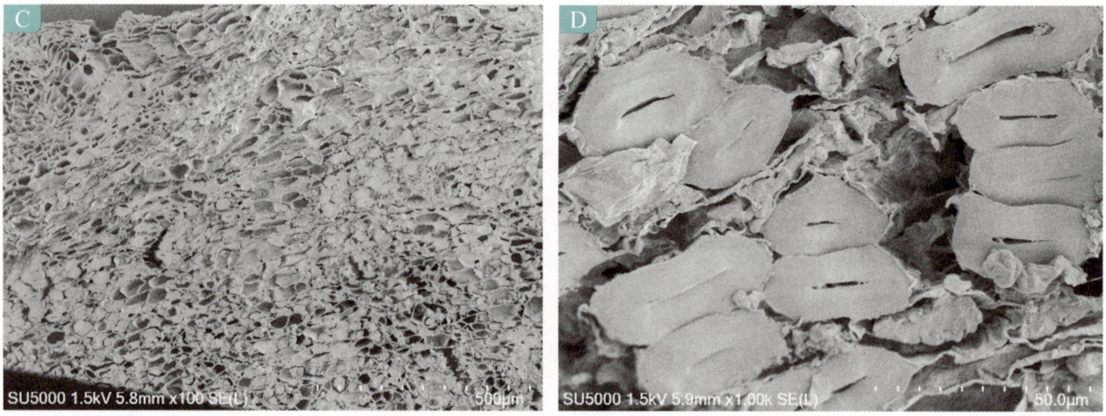

图5　红雾水葛皮生物结构图

（**C**）扫描电镜图（×**100**）；（**D**）扫描电镜图（×**1000**）

【纤维形态分析】

红雾水葛韧皮纤维形态分析结果见表2。

表2　红雾水葛韧皮纤维形态光学显微镜法分析结果

项目 名称	数量平均纤维长度/mm	宽度/μm	长宽比	壁厚/μm	胞腔直径/μm	壁腔比
红雾水葛	5.14	22.83	225	3.78	8.51	0.89

注：长宽比=数量平均纤维长度/宽度。

【纤维微观形貌】

图6为红雾水葛韧皮纤维的光学显微镜图。如图所示，解离得到的红雾水葛韧皮纤维经赫氏染色剂染色后呈蓝紫色。纤维长度较长，多弯曲，粗细均匀。纤维端部多为钝圆状，部分呈钝尖状。纤维细胞腔几乎不可见。纤维表面横节纹不明显，部分纤

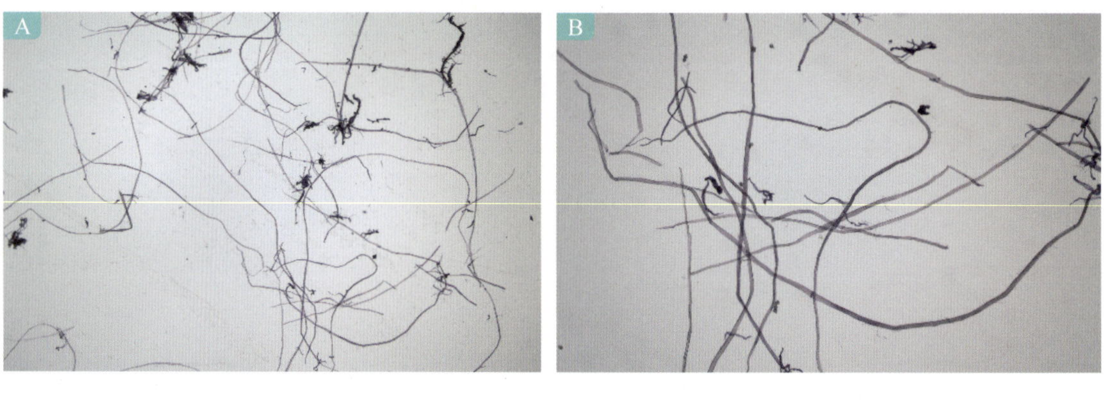

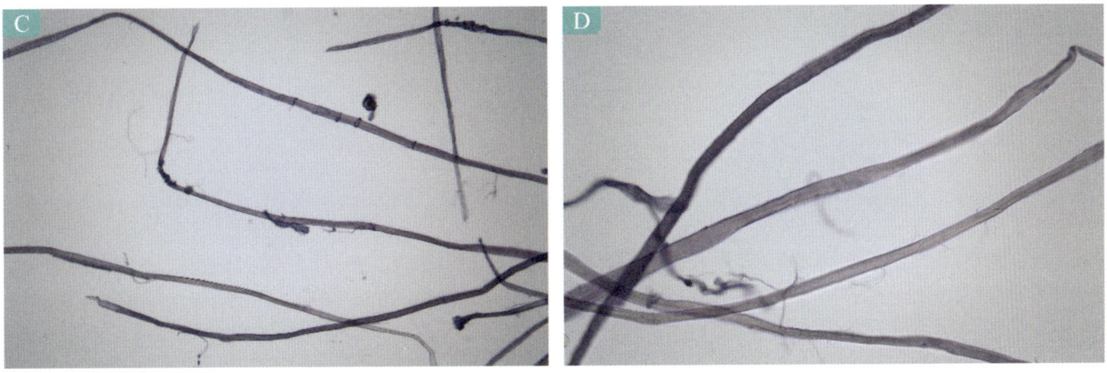

图6 红雾水葛韧皮纤维光学显微镜图

（A）40×；（B）100×；（C）200×；（D）400×

维表面有凸起且深的横节纹。

图7为红雾水葛韧皮纤维的扫描电镜图。如图所示，红雾水葛韧皮纤维整体形态细长，存在少量的杂细胞，纤维表面分布较多的纵向褶皱。

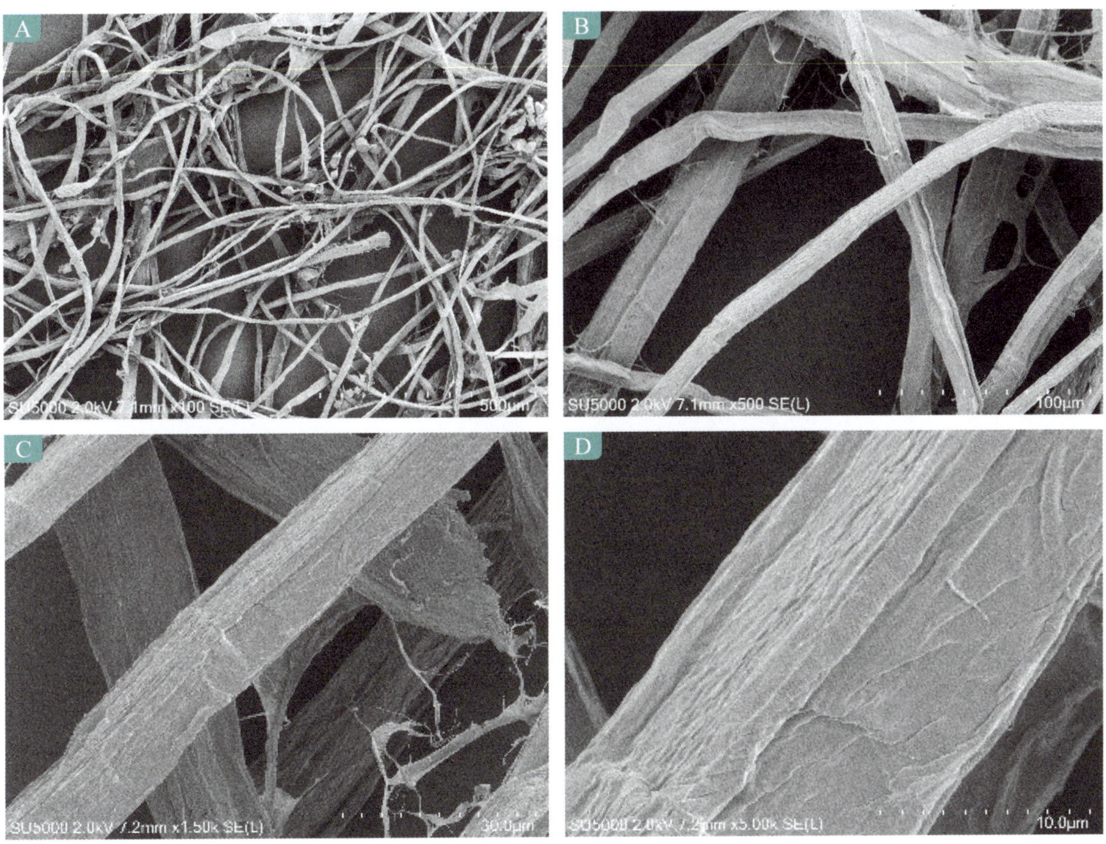

图7 红雾水葛韧皮纤维扫描电镜图

（A）100×；（B）500×；（C）1500×；（D）5000×

【纤维物理性质】

由表3可见，红雾水葛韧皮纤维的结晶度为80.6%；使用比重瓶法测定的纤维密度为$1.66g \cdot cm^{-3}$；平均微纤丝角度为17°～32°；纤维干法和湿法零距抗张指数分别为$65.9N \cdot m \cdot g^{-1}$和$32.7N \cdot m \cdot g^{-1}$，高于同科的大蝎子草（$46.9N \cdot m \cdot g^{-1}$和$17.2N \cdot m \cdot g^{-1}$）；纤维活化能为$106.9kJ \cdot mol^{-1}$。

表3　红雾水葛韧皮纤维物理性质

项目 名称	纤维密度 $/g \cdot cm^{-3}$	结晶度 /%	微纤丝角 /°	零距抗张指数$/N \cdot m \cdot g^{-1}$		热重分析活化能 $/kJ \cdot mol^{-1}$
				干法	湿法	
红雾水葛	1.66	80.6	17~32	65.9	32.7	106.9

第 4 章

锦葵科

Malvaceae

4.1 梧桐属 *Firmiana* Marsili

4.1.1 梧桐 *Firmiana simplex* (Linnaeus) W. Wight

【形态特征】

落叶乔木，高达16米；树皮青绿色，光滑。叶柄15～30厘米；叶片心形，基部心形，先端渐尖，掌状3～5裂，直径15～30厘米，裂片三角形，两面无毛或略被短柔毛；基生脉7条。圆锥花序顶生，长约20～50厘米，下部分枝长达12厘米；花萼淡黄绿色，5深裂几至基部，萼片条形，向外卷曲，长7～9毫米，外面被淡黄色短柔毛，内面仅在基部被柔毛；花梗与花几等长；雄花的雌雄蕊柄与萼等长，下半部较粗，无毛，花药15，不规则地聚集在雌雄蕊柄的顶端，退化雌蕊梨形且甚小；雌花的子房圆球形，被毛，见图1。蓇葖果膜质，有柄，成熟前开裂成叶状，长6～11厘米、宽1.5～2.5厘米，外面被短茸毛或几无毛，每蓇葖果有种子2～4个；种子圆球形，表面有皱纹，直径约7毫米，见图2。花期6月。

图1 花（李蒙 拍摄）

图2 种子（李蒙 拍摄）

【生长环境】

通常生于平原、丘陵及山沟中。

【地理分布】

产于中国南北各地，从广东、海南到华北均产之；也分布于日本。

【用途】

本种为可栽培于庭园的观赏树木。木材轻软，为制木匣和乐器的良材。种子炒熟可食或榨油，油为不干性油。茎、叶、花、果和种子均可药用，有清热解毒的功效。树皮的纤维洁白，可用以造纸和编绳等。木材刨片可浸出黏液，称刨花，可润发。

图3 梧桐皮纤维原料图

【纤维原料形貌】

梧桐皮纤维原料形貌如图3。

【化学组成】

表1为梧桐皮的化学组成，其灰分含量为5.18%；纤维素及半纤维素的含量分别为38.84%和15.29%；苯醇抽出物和热水抽出物的含量分别为5.12%和8.73%；酸溶木素和酸不溶木素含量分别为2.01%和17.32%。

表1　梧桐皮化学组成

组分	纤维素	半纤维素	抽出物		木素		灰分
			苯醇抽出物	热水抽出物	酸不溶木素	酸溶木素	
含量/%	38.84	15.29	5.12	8.73	17.32	2.01	5.18

【纤维原料生物结构】

图4为梧桐皮的生物结构图。从图中可以看出，梧桐皮从外到内依次为表皮、周皮和韧皮部，其中韧皮部主要由韧皮纤维、韧皮薄壁细胞、韧皮射线和石细胞等构成。纤维细胞腔小、壁厚，排列紧凑且整齐。由韧皮纤维组成的纤维群体整齐排列成

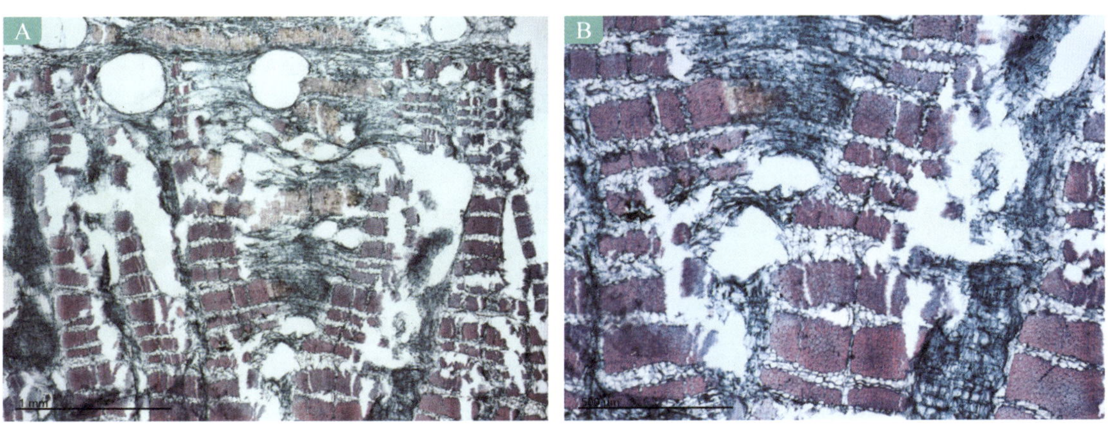

图4

（**A**）超景深显微镜图（×**100**）；（**B**）超景深显微镜图（×**200**）

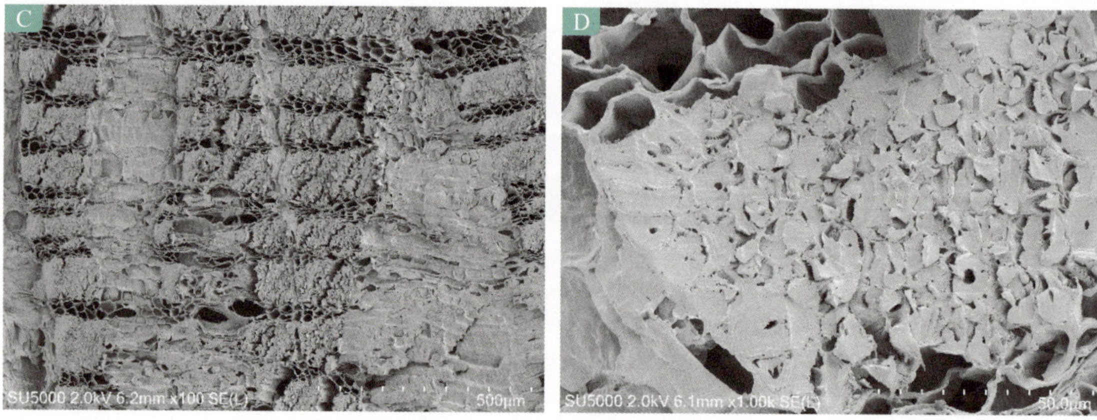

图4 梧桐皮生物结构图

（**C**）扫描电镜图（×**100**）；（**D**）扫描电镜图（×**1000**）

一些径向行，几个径向行之间由射线细胞间隔，纤维细胞占比大。韧皮射线细胞为多列且逐渐向外膨大。石细胞占比小，且分布于表皮附近。

【纤维形态分析】

梧桐韧皮纤维形态分析结果见表2。

表2 梧桐韧皮纤维形态分析结果

项目 / 名称	纤维图像分析仪					光学显微镜法		
	平均长度/mm			宽度/μm	长宽比	壁厚/μm	胞腔直径/μm	壁腔比
	算术平均	长度加权	重量加权					
梧桐	0.92	1.62	1.92	19.20	84	4.85	2.31	4.20

注：长宽比=长度加权平均长度/宽度。

【纤维微观形貌】

图5为梧桐韧皮纤维的光学显微镜图。如图所示，解离得到的梧桐韧皮纤维，经赫氏染色剂染色后呈蓝紫色。纤维形态较为匀整，根根分明，粗细均匀。纤维两端逐渐变细，端部多为尖细状。纤维壁上横节纹明显，节纹颜色较深，与纤维横截面有一定倾角，分布较密集。细胞腔不明显，部分纤维细胞腔可见，呈细窄圆柱状。

图6为梧桐韧皮纤维的扫描电镜图。从图中可以看出，梧桐韧皮纤维细长，呈扁平状，从图6（D）中可以看出梧桐韧皮纤维存在少量的纵向褶皱。

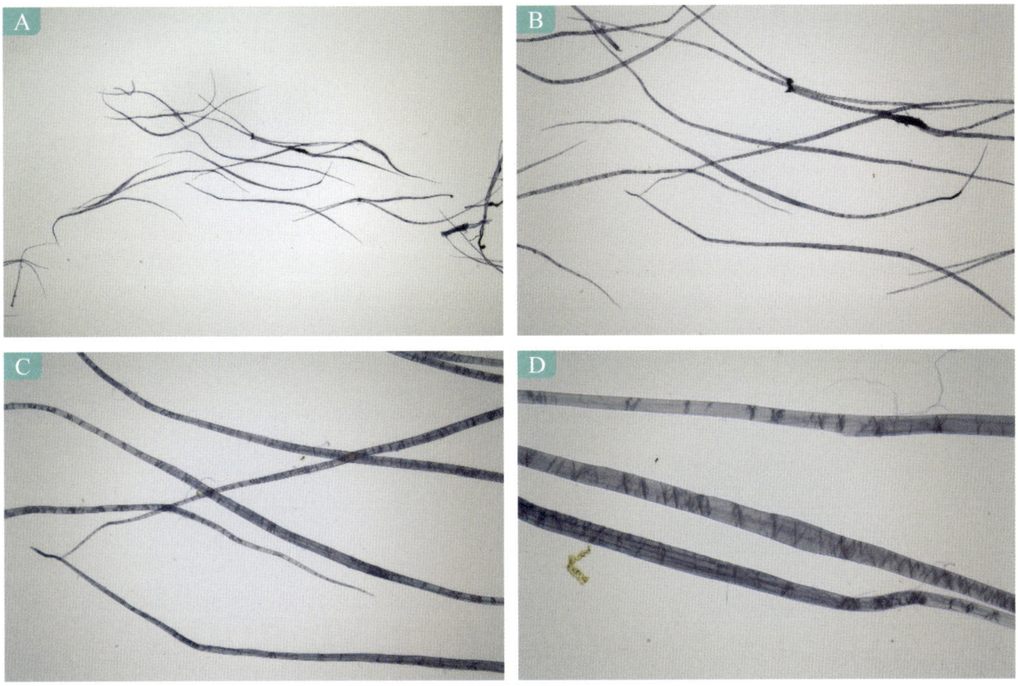

图5 梧桐韧皮纤维光学显微镜图

（A）40×；（B）100×；（C）200×；（D）400×

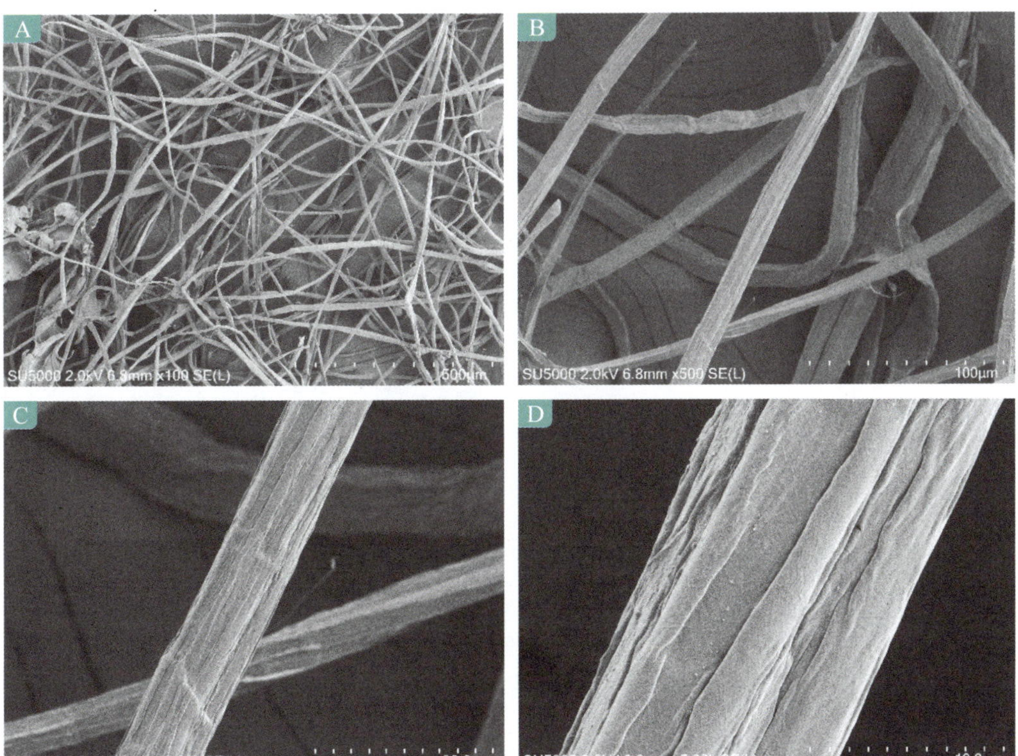

图6 梧桐韧皮纤维扫描电镜图

（A）100×；（B）500×；（C）1500×；（D）5000×

【纤维物理性质】

由表3可见，梧桐韧皮纤维的结晶度为72.1%；使用比重瓶法测定的纤维密度为1.56g · cm^{-3}；平均微纤丝角度为11°～16°；纤维干法和湿法零距抗张指数分别为132.9N · m · g^{-1}和120.9N · m · g^{-1}；纤维活化能为111.4kJ · mol^{-1}。

表3　梧桐韧皮纤维物理性质

项目 / 名称	纤维密度 /g · cm^{-3}	结晶度 /%	微纤丝角 /°	零距抗张指数/N · m · g^{-1}		热重分析活化能 /kJ · mol^{-1}
				干法	湿法	
梧桐	1.56	72.1	11~16	132.9	120.9	111.4

4.2　秋葵属 *Abelmoschus* Medikus

4.2.1　刚毛黄蜀葵 *Abelmoschus manihot* var. *pungens* (Roxburgh) Hochreutiner

【形态特征】

图1　植株（何德明 拍摄）

一年生或多年生草本，高1～2米，植株全体密被黄色长刚毛，见图1。托叶狭披针形，长1～1.5厘米；叶柄长6～18厘米，疏被长硬毛；叶片掌状5～9深裂，直径15～30厘米，裂片长圆状披针形，长8～18厘米，宽1～6厘米，具粗钝锯齿，两面疏被长硬毛。花单生于枝端叶腋，叶柄1.5～4厘米；小苞片4或5，卵状披针形，长15～25毫米，宽4～5毫米，疏被长硬毛；萼佛焰苞状，5裂，近全缘，较长于小苞片，被柔毛，果时脱落；花大，淡黄色，内面基部紫色，直径约12厘米；雄蕊柱长1.5～2厘米，花药近无柄；柱头紫黑色，匙状盘形，见图2。蒴果卵状椭圆形，长4～5厘米，宽2.5～3厘米，被硬毛，见图3；种子多数，肾形，被多列柔毛。花期8～10月。

图2 花（李永亮 拍摄）

图3 果实（蔡杰 拍摄）

【生长环境】

常生于海拔1000～2100米的草地、溪流边、山谷。

【地理分布】

产于中国云南、贵州、四川、陕西、河北、河南、山东、湖北、湖南、广东、广西、台湾等地区；在印度、尼泊尔、泰国和菲律宾等也有分布。

【用途】

纤维粗而结实，代麻用，亦可制人造棉。

【纤维原料形貌】

刚毛黄蜀葵皮纤维原料形貌如图4。

图4 刚毛黄蜀葵皮纤维原料图

【化学组成】

表1为刚毛黄蜀葵皮的化学组成。刚毛黄蜀葵皮的灰分含量为6.53%，纤维素含量为42.83%，半纤维素含量为12.79%，苯醇抽出物和热水抽出物的含量分别为3.17%、5.77%，酸溶木素和酸不溶木素含量分别为1.78%、10.12%。

表1　刚毛黄蜀葵皮化学组成

组分	纤维素	半纤维素	抽出物		木素		灰分
			苯醇抽出物	热水抽出物	酸不溶木素	酸溶木素	
含量/%	42.83	12.79	3.17	5.77	10.12	1.78	6.53

【纤维原料生物结构】

图5为刚毛黄蜀葵皮的生物结构图。从图中可以看出，刚毛黄蜀葵皮从外到内依次为表皮、周皮和韧皮部，其中韧皮部主要由韧皮纤维、韧皮薄壁细胞和韧皮射线等构成。纤维细胞腔小、壁厚，排列紧凑且整齐。由韧皮纤维聚集成若干的纤维群体，纤维群体之间由韧皮薄壁细胞隔开；多个纤维群体径向规则排列构成多个径向行，而几个径向行之间由韧皮射线细胞间隔，其中每个径向行中纤维群体多达十多个。射线细胞由内向外逐渐变宽。

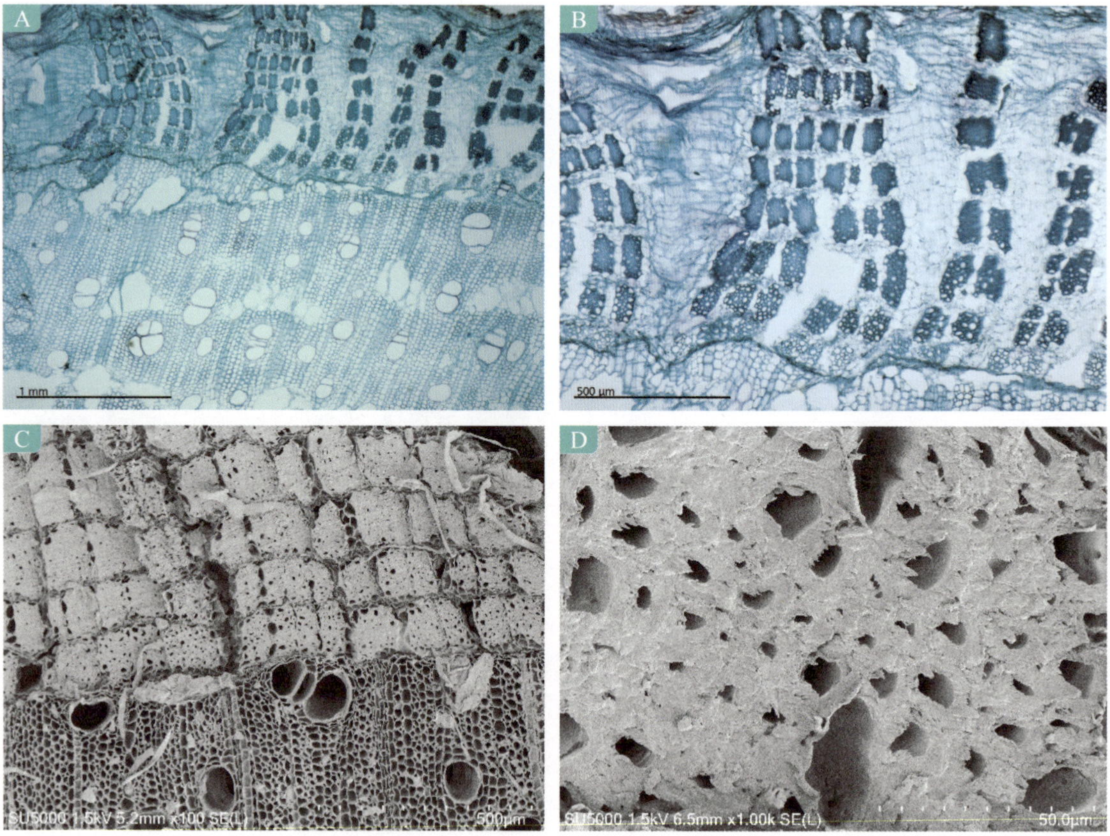

图5　刚毛黄蜀葵皮生物结构图

(**A**）超景深显微镜图（×**100**）；（**B**）超景深显微镜图（×**200**）；

（**C**）扫描电镜图（×**100**）；（**D**）扫描电镜图（×**1000**）

【纤维形态分析】

刚毛黄蜀葵韧皮纤维形态分析结果见表2。

表2　刚毛黄蜀葵韧皮纤维形态分析结果

项目 名称	纤维图像分析仪					光学显微镜法		
	平均长度/mm			宽度/μm	长宽比	壁厚/μm	胞腔直径/μm	壁腔比
	算术平均	长度加权	重量加权					
刚毛黄蜀葵	0.79	2.08	2.71	21.00	99	7.72	3.66	4.22

注：长宽比=长度加权平均长度/宽度。

【纤维微观形貌】

图6为刚毛黄蜀葵韧皮纤维的光学显微镜图。如图所示，解离得到的刚毛黄蜀葵韧皮纤维长度中等，经赫氏染色剂染色后呈浅紫色。纤维形态较为匀整，粗细均匀。纤维由中段逐渐向两端变细，端部多为尖细状，部分为钝尖状。纤维壁上横节纹清晰可见，部分节纹颜色较深，分布不均。部分纤维可见明显细胞腔。

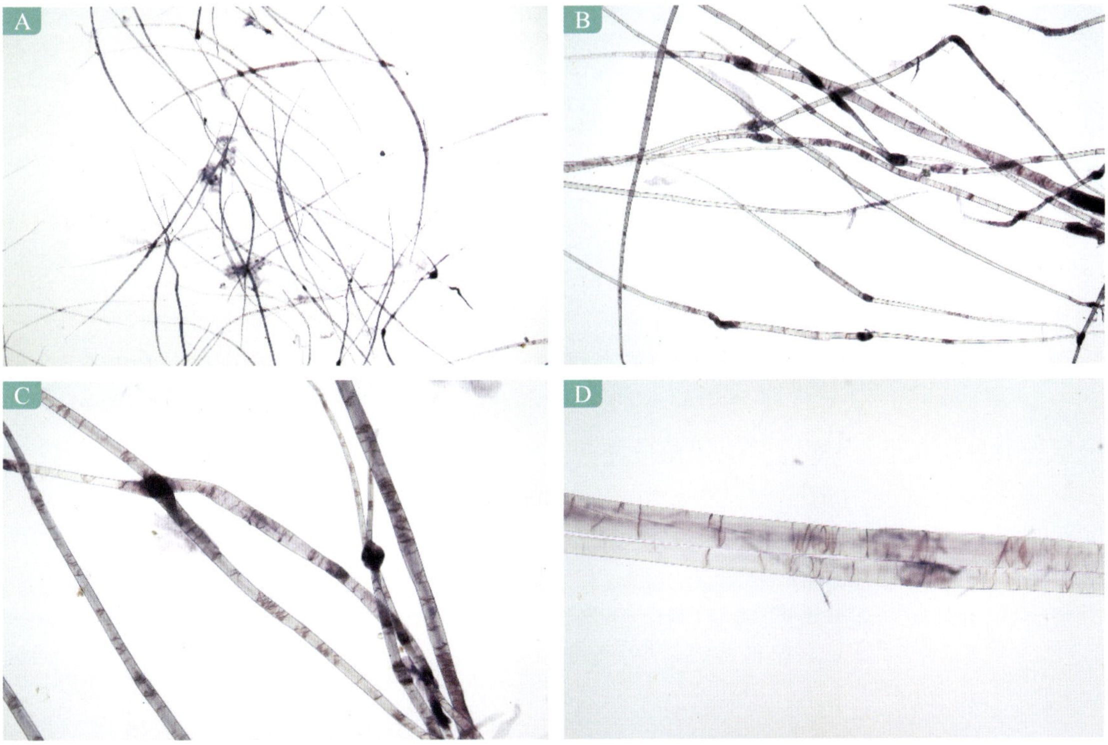

图6　刚毛黄蜀葵韧皮光学显微镜图

（A）40×；（B）100×；（C）200×；（D）400×

图7为刚毛黄蜀葵韧皮纤维的扫描电镜图。从图中可以看出，刚毛黄蜀葵韧皮纤维的宽度较为均匀，纤维平直，纤维边缘存在少量破碎的絮状薄壁细胞；纤维表面纵向褶皱较多。

图7 刚毛黄蜀葵韧皮纤维扫描电镜图

（A）100×；（B）500×；（C）1500×；（D）5000×

【纤维物理性质】

由表3可见，刚毛黄蜀葵韧皮纤维的结晶度为78.7%；使用比重瓶法测定的纤维密度为1.54g · cm^{-3}；平均微纤丝角度为9° ～ 12° ；纤维干法和湿法零距抗张指数分别为192.4N · m · g^{-1}和173.5N · m · g^{-1}；纤维活化能为128.8kJ · mol^{-1}。

表3　刚毛黄蜀葵韧皮纤维物理性质

项目 名称	纤维密度 /g · cm^{-3}	结晶度 /%	微纤丝角 /°	零距抗张指数/N · m · g^{-1}		热重分析活化能 /kJ · mol^{-1}
				干法	湿法	
刚毛黄蜀葵	1.54	78.7	9~12	192.4	173.5	128.8

4.3 苹婆属 *Sterculia* Linnaeus

4.3.1 家麻树 *Sterculia pexa* Pierre

【形态特征】

乔木，小枝粗壮，见图1。托叶三角状披针形，长5毫米，被毛；叶柄通常长20～23厘米；叶为掌状复叶，有小叶7～9片；小叶倒卵状披针形或狭椭圆形，长9～23厘米，宽4～6厘米，基部楔形，先端渐尖，上面几无毛，下面密被星状短柔毛；平行侧脉22～40对。花序集生于小枝顶端，总状花序或圆锥花序，长达20厘米；小苞片条状披针形，长约1厘米；花萼白色，钟形，5裂，长约6毫米，外面密被星状短柔毛；裂片三角形，顶端渐尖并互相黏合，与钟状萼筒等长；雄花的雌雄蕊柄线状，无毛，花药10～20个集生成头状；雌花的子房圆球形，5室，密被短茸毛，花柱很短，柱头5裂，不育的花药位于子房下部，围绕着雌蕊。蓇葖果红棕色，椭圆形并略弯曲成镰刀形，长4～9厘米，宽2～4厘米，顶端钝，外面密被短茸毛和刚毛，内面也有短星状毛，边缘有浓缘毛，每果内有种子约3个，见图2；种子长圆形，黑色，长约1.5厘米。花期10月。

图1　植株（刘成 拍摄）

图2　果实（刘成 拍摄）

【生长环境】

常生于阳光充足的干旱坡地、路边，也栽培于村边。

【地理分布】

产于中国云南和广西；在泰国、越南、老挝也有分布。

【用途】

本种的枝皮纤维坚韧结实，耐水性强，可做绳索和各种麻类代用品，也可造纸。种子煮熟可食。木材坚硬，可制家具。

图3 家麻树皮纤维原料图

【纤维原料形貌】

家麻树皮纤维原料形貌如图3。

【化学组成】

表1为家麻树皮的化学组成。家麻树皮的灰分含量为10.25%；纤维素及半纤维素的含量分别为37.06%、14.42%；苯醇抽出物和热水抽出物的含量分别为14.24%、2.51%；酸溶木素和酸不溶木素含量分别为2.72%、13.70%。

表1 家麻树皮化学组成

组分	纤维素	半纤维素	抽出物		木素		灰分
			苯醇抽出物	热水抽出物	酸不溶木素	酸溶木素	
含量/%	37.06	14.42	14.24	2.51	13.70	2.72	10.25

【纤维原料生物结构】

图4为家麻树皮的生物结构图。从图中可以看出，家麻树皮从外到内依次为表皮、周皮和韧皮部，其中韧皮部主要由韧皮纤维、韧皮薄壁细胞和韧皮射线等构成。纤维细胞腔小、壁厚，排列秩序性好。由韧皮纤维组建的纤维群体构成若干径向行，这些

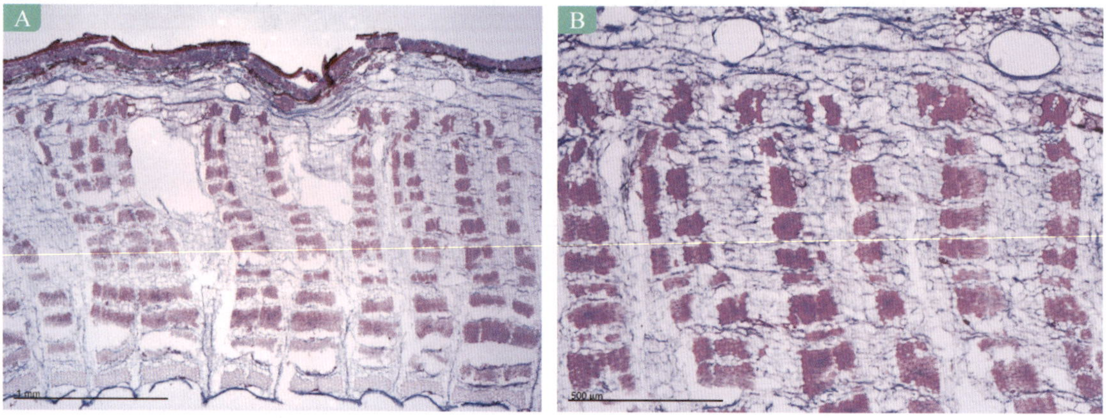

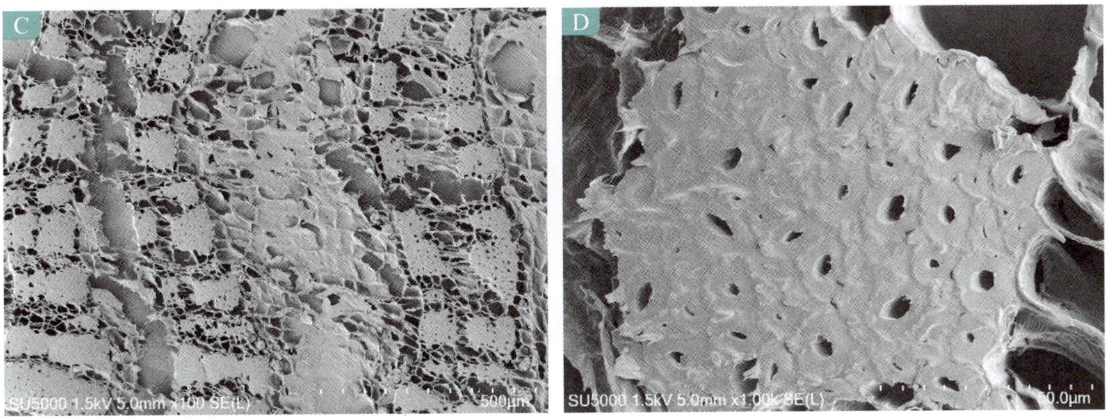

图4 家麻树皮生物结构图

（A）超景深显微镜图（×100）；（B）超景深显微镜图（×200）；
（C）扫描电镜图（×100）；（D）扫描电镜图（×1000）

径向行之间由韧皮射线细胞间隔。薄壁细胞星散分布于成团的纤维群体之间。韧皮射线细胞向外逐渐膨大，从单列逐渐变成多列。此外，少量木质化程度较高的纤维分布于近表皮处。

【纤维形态分析】

家麻树韧皮纤维形态分析结果见表2。

表2 家麻树韧皮纤维形态分析结果

项目 名称	纤维图像分析仪					光学显微镜法		
	平均长度/mm			宽度/μm	长宽比	壁厚/μm	胞腔直径/μm	壁腔比
	算术平均	长度加权	重量加权					
家麻树	0.95	1.72	2.11	18.75	92	3.50	3.76	1.86

注：长宽比=长度加权平均长度/宽度。

【纤维微观形貌】

图5为家麻树韧皮纤维的光学显微镜图。从图中可以看出，家麻树韧皮纤维经赫氏染色剂染色后呈粉紫色。部分纤维中段有加宽现象，两端逐渐变细，端部多为钝圆状。纤维表面纹理清晰，横节纹明显，与纤维截面有一定倾角，分布不均。

图6为家麻树韧皮纤维的扫描电镜图。家麻树韧皮纤维整体细长，纤维宽度均匀，从图6（A）中可以观察到少量杂细胞。

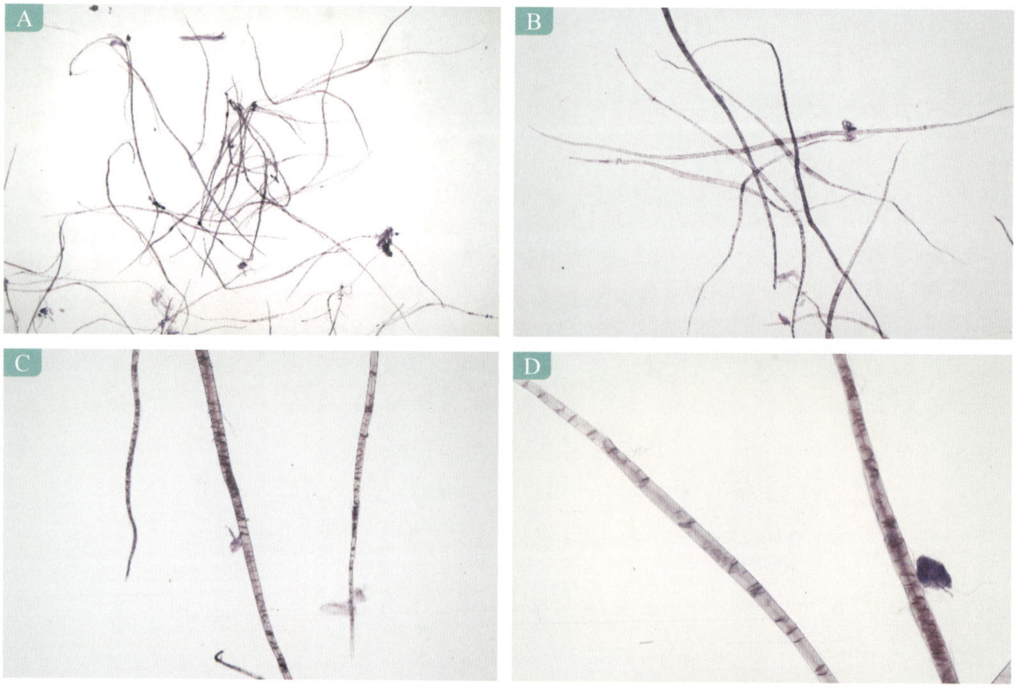

图5 家麻树韧皮纤维光学显微镜图

（A）40×；（B）100×；（C）200×；（D）400×

图6 家麻树韧皮纤维扫描电镜图

（A）100×；（B）500×；（C）1500×；（D）5000×

【纤维物理性质】

由表3可见，家麻树韧皮纤维的结晶度为78.9%；使用比重瓶法测定的纤维密度为1.57g·cm^{-3}；平均微纤丝角度为10°～23°；纤维干法和湿法零距抗张指数分别为62.5N·m·g^{-1}和54.3N·m·g^{-1}；纤维活化能为139.6kJ·mol^{-1}，略高于本书记录的同科的刚毛黄蜀葵（128.8kJ·mol^{-1}）。

表3　家麻树韧皮纤维物理性质

项目 名称	纤维密度 /g·cm^{-3}	结晶度 /%	微纤丝角 /°	零距抗张指数/N·m·g^{-1}		热重分析活化能 /kJ·mol^{-1}
				干法	湿法	
家麻树	1.57	78.9	10~23	62.5	54.3	139.6

4.4　翅果麻属 *Kydia* Roxburgh

4.4.1　翅果麻 *Kydia calycina* Roxburgh

【形态特征】

图1　植株（刘成 拍摄）

乔木，高10～20米；小枝圆柱形，密被淡褐色星状柔毛，见图1。叶柄长2～4厘米，被星状疏柔毛；叶片近圆形，常为掌状3～5浅裂，长6～14厘米，宽5～11厘米，基部圆形至近心形，先端短尖或钝，边缘疏具细齿，上面疏被星状柔毛，下面密被灰色星状绵毛，主脉5～7条。圆锥花序顶生或腋生；花梗、小苞片和花萼均密被灰色星状短柔毛；花淡红色，直径约16毫米；小苞片4，很少为6，长圆形，长约4毫米；花萼浅杯状，中部以下合生，裂片5，三角形，与小苞片近等长；花瓣倒心形，端具腺状流苏，见图2。蒴果圆球形，直径约5毫米，宿存小苞片倒卵状长圆形，长1～1.5厘米，宽5～9毫米，两面被星状柔毛，见图3；种子肾形，无毛，具腺脉纹。花期9～11月。

图2 花（刘成 拍摄）

图3 果实（刘成 拍摄）

【生长环境】

生于海拔500～1600米的山谷疏林中。

【地理分布】

产于中国云南南部；在越南、缅甸和印度等也有分布。

【用途】

翅果麻的树皮富含纤维，是搓绳索的原料；云南西双版纳各干热山谷疏林中极普遍，是放养紫胶虫的寄主植物之一。

【纤维原料形貌】

翅果麻皮纤维原料形貌如图4。

图4 翅果麻皮纤维原料图

【化学组成】

表1为翅果麻皮的化学组成。翅果麻皮的灰分含量为4.17%；纤维素及半纤维素的含量分别为34.26%和21.73%；苯醇抽出物和热水抽出物的含量分别为5.84%和19.41%；酸溶木素和酸不溶木素含量分别为1.86%和20.65%。

表1 翅果麻皮化学组成

组分	纤维素	半纤维素	抽出物		木素		灰分
			苯醇抽出物	热水抽出物	酸不溶木素	酸溶木素	
含量/%	34.26	21.73	5.84	19.41	20.65	1.86	4.17

【纤维原料生物结构】

图5为翅果麻皮的生物结构图。如图所示，翅果麻皮从外到内依次为表皮、周皮和韧皮部，其中韧皮部主要由韧皮纤维、韧皮薄壁细胞和韧皮射线等构成。纤维细胞腔小、壁厚，排列表现出显著的取向性。这些纤维聚集成束，形成径向束列；几个束列之间由射线细胞分隔，单个束列可包含十余个纤维束。薄壁细胞星散分布于纤维束群之间。韧皮射线细胞向外逐渐膨大，从单列逐渐变成多列。相比于同科的家麻树，翅果麻的射线细胞占比更大。

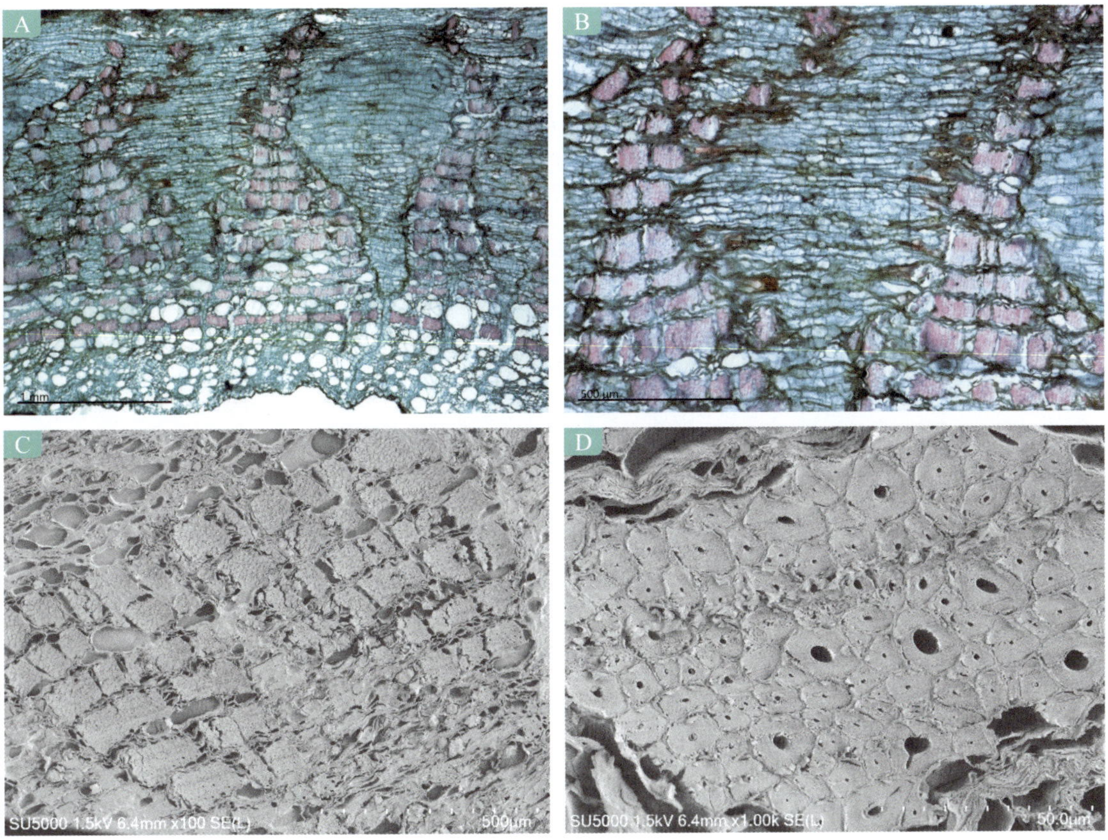

图5 翅果麻皮生物结构图

（**A**）超景深显微镜图（×**100**）；（**B**）超景深显微镜图（×**200**）；
（**C**）扫描电镜图（×**100**）；（**D**）扫描电镜图（×**1000**）

【纤维形态分析】

翅果麻韧皮纤维形态分析结果见表2。

表2　翅果麻韧皮纤维形态分析结果

项目 / 名称	纤维图像分析仪					光学显微镜法		
	平均长度/mm			宽度/μm	长宽比	壁厚/μm	胞腔直径/μm	壁腔比
	算术平均	长度加权	重量加权					
翅果麻	0.41	1.30	2.18	21.47	61	4.99	2.69	3.71

注：长宽比＝长度加权平均长度/宽度。

【纤维微观形貌】

图6为翅果麻韧皮纤维的光学显微镜图。解离得到的纤维经赫氏染色剂染色后呈蓝紫色，长度中等。部分纤维中部存在较宽的部分，往两端逐渐变细，端部多为钝尖形。纤维表面横截纹明显，纹路粗细不一且间距不均，整体较密集，部分区段较稀疏；节纹与纤维横截面也有一定的倾角。大部分纤维的细胞腔不明显，少部分纤维的细胞腔清晰可见。

图7为翅果麻韧皮纤维的扫描电镜图。翅果麻韧皮纤维整体呈棱柱状，纤维末端钝尖，纤维的宽度差异较大，存在较多的杂细胞。

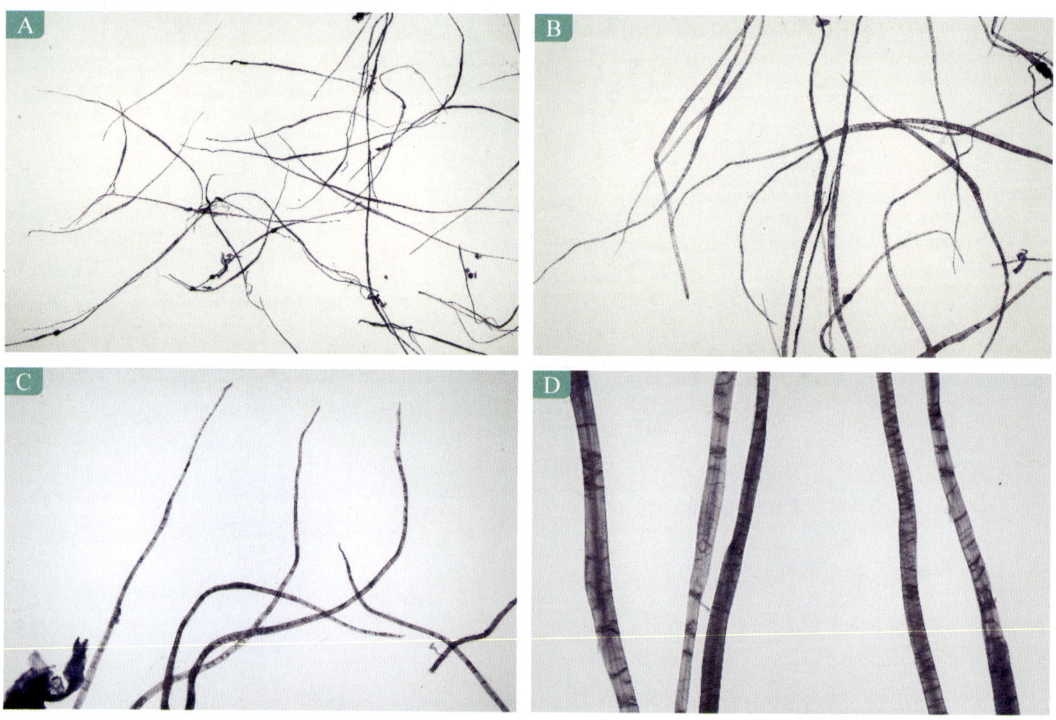

图6　翅果麻韧皮纤维光学显微镜图

（A）40×；（B）100×；（C）200×；（D）400×

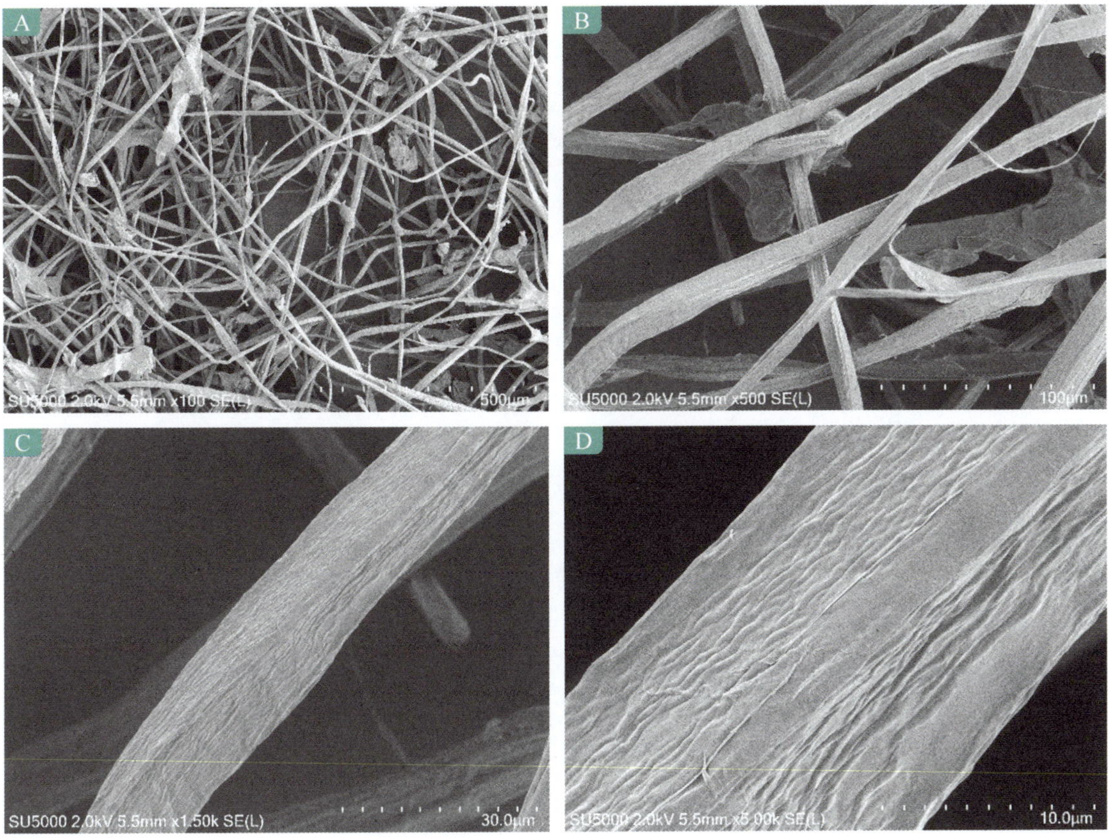

图7 翅果麻韧皮纤维扫描电镜图

（A）100×；（B）500×；（C）1500×；（D）5000×

【纤维物理性质】

由表3可见，翅果麻韧皮纤维的结晶度为75.6%，低于本书记录的同科的家麻树（78.9%）；使用比重瓶法测定的纤维密度为1.64g · cm^{-3}；平均微纤丝角度为21°～51°；纤维干法和湿法零距抗张指数分别为84.4N · m · g^{-1}和56.7N · m · g^{-1}；纤维活化能为93.8kJ · mol^{-1}。

表3 翅果麻韧皮纤维物理性质

项目 名称	纤维密度 /g · cm^{-3}	结晶度 /%	微纤丝角 /°	零距抗张指数/N · m · g^{-1}		热重分析活化能 /kJ · mol^{-1}
				干法	湿法	
翅果麻	1.64	75.6	21~51	84.4	56.7	93.8

中国野生植物韧皮纤维特性及显微图谱
Characteristics and Microscopic Atlas of Phloem Fibers from Chinese Wild Plants

第 5 章

夹竹桃科

Apocynaceae

5.1 牛角瓜属 *Calotropis* R. Brown

5.1.1 牛角瓜 *Calotropis gigantea* (Linnaeus) W. T. Aiton

【形态特征】

直立灌木，1～5米，全株具乳汁；茎黄白色，枝粗壮，幼枝部分被灰白色绒毛。叶柄极短，有时叶基部抱茎；叶片倒卵状长圆形或椭圆状长圆形，长7～30厘米，宽3～15厘米，基部心形，先端急尖，两面被灰白色绒毛，老渐脱落；侧脉4～8对。聚伞花序腋生和顶生，花序梗和花梗被灰白色绒毛，花序梗粗壮，5～12厘米；花梗粗，2.5～5厘米；花萼裂片卵圆形；花冠紫色、淡紫色，基部淡绿色，直径2.5～3.5厘米，肉质，光滑，裂片卵形，长1～1.5厘米，宽0.6～1厘米，平展或反卷；副花冠比合蕊柱短，顶端内向，基部有距，见图1。蓇葖果单生，膨胀，端部外弯，长5～10厘米，宽2.4～4厘米，被短柔毛，见图2；种子广卵形，长5～7毫米，宽3～4毫米，顶端具白色绢质种毛，种毛长2.5～4厘米，见图3。花果期几乎全年。

图1 花（蔡杰 拍摄）

图2 果实（蔡杰 拍摄）

图3 种子（蔡杰 拍摄）

【生长环境】

生于海拔1400米以下的向阳山坡、旷野地及海边。

【地理分布】

产于中国云南、四川、广西、广东、海南；在印度、印度尼西亚、老挝、马来西亚、缅甸、尼泊尔、巴基斯坦、斯里兰卡、泰国、越南等地也有分布。

【用途】

茎皮纤维可供造纸、制绳索及人造棉，织麻布、麻袋；种毛可作丝绒原料及填充物。茎叶的乳汁有毒，含多种强心苷，供药用，治皮肤病、痢疾、风湿、支气管炎；树皮可治癞癣。乳汁干燥后可用作树胶原料，还可制鞣料及黄色染料。全株可作绿肥。

图4　牛角瓜皮纤维原料图

【纤维原料形貌】

牛角瓜皮纤维原料形貌如图4。

【化学组成】

表1为牛角瓜皮的化学组成。牛角瓜皮的灰分含量为6.15%；纤维素的含量为42.12%，为本书所记载的同夹竹桃科植物中最高；半纤维素的含量为7.81%；苯醇抽出物和热水抽出物的含量分别为2.31%、21.04%；酸溶木素和酸不溶木素含量分别为1.17%、11.13%。

表1　牛角瓜皮化学组成

组分	纤维素	半纤维素	抽出物		木素		灰分
			苯醇抽出物	热水抽出物	酸不溶木素	酸溶木素	
含量/%	42.12	7.81	2.31	21.04	11.13	1.17	6.15

【纤维原料生物结构】

图5为牛角瓜皮的生物结构图。从图中可以看出，牛角瓜皮从外到内依次为表皮、周皮和韧皮部，其中韧皮部主要由韧皮纤维、韧皮薄壁细胞和韧皮射线等构成。纤维细胞腔大、壁薄，排列紧凑且整齐，聚集成纤维群体。成团的纤维群体星散分布于韧皮薄壁细胞之间，未见明显石细胞。

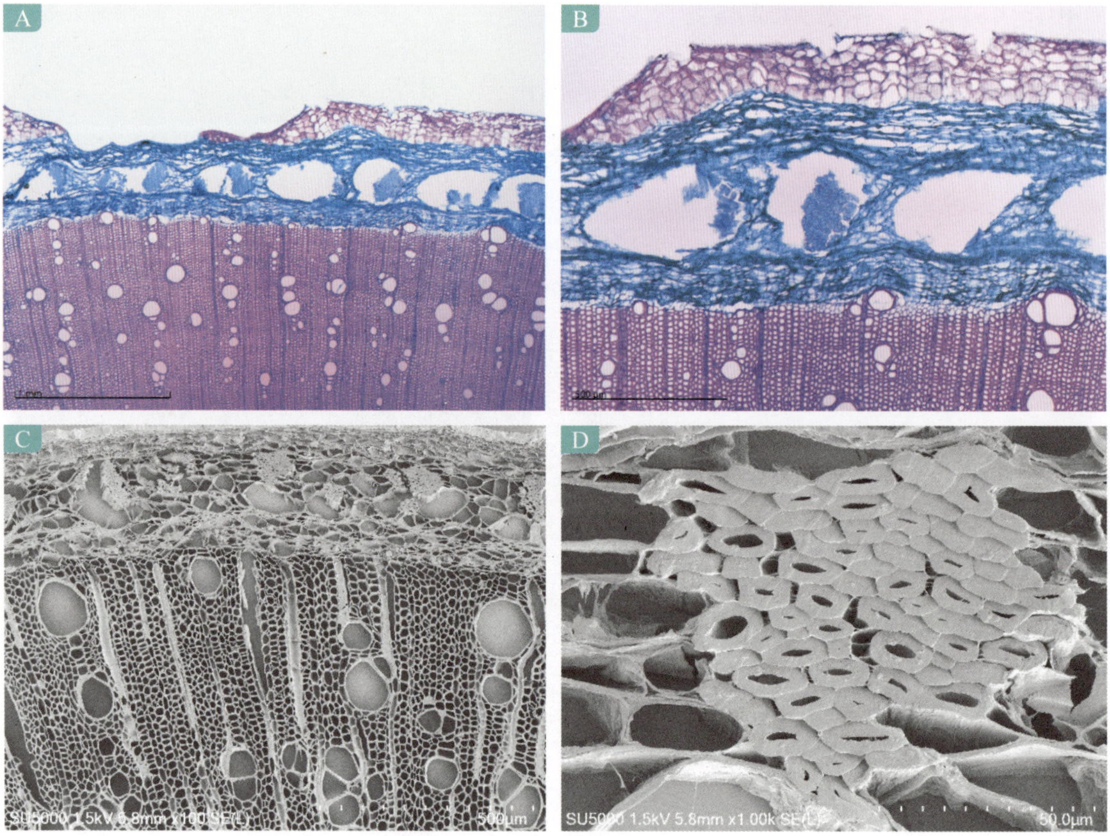

图5　牛角瓜皮生物结构图

（**A**）超景深显微镜图（×**100**）；（**B**）超景深显微镜图（×**200**）；
（**C**）扫描电镜图（×**100**）；（**D**）扫描电镜图（×**1000**）

【纤维形态分析】

牛角瓜韧皮纤维形态分析结果见表2。

表2　牛角瓜韧皮纤维形态光学显微镜法分析结果

项目 名称	数量平均纤维长度/mm	宽度/μm	长宽比	壁厚/μm	胞腔直径/μm	壁腔比
牛角瓜	9.51	26.12	364	2.97	8.58	0.69

注：长宽比=数量平均纤维长度/宽度。

【纤维微观形貌】

图6为牛角瓜韧皮纤维的光学显微镜图。如图所示，解离得到的牛角瓜韧皮纤维经赫氏染色剂染色后，呈浅紫色。纤维长度较长，呈圆柱状，易弯曲。末端多为钝圆

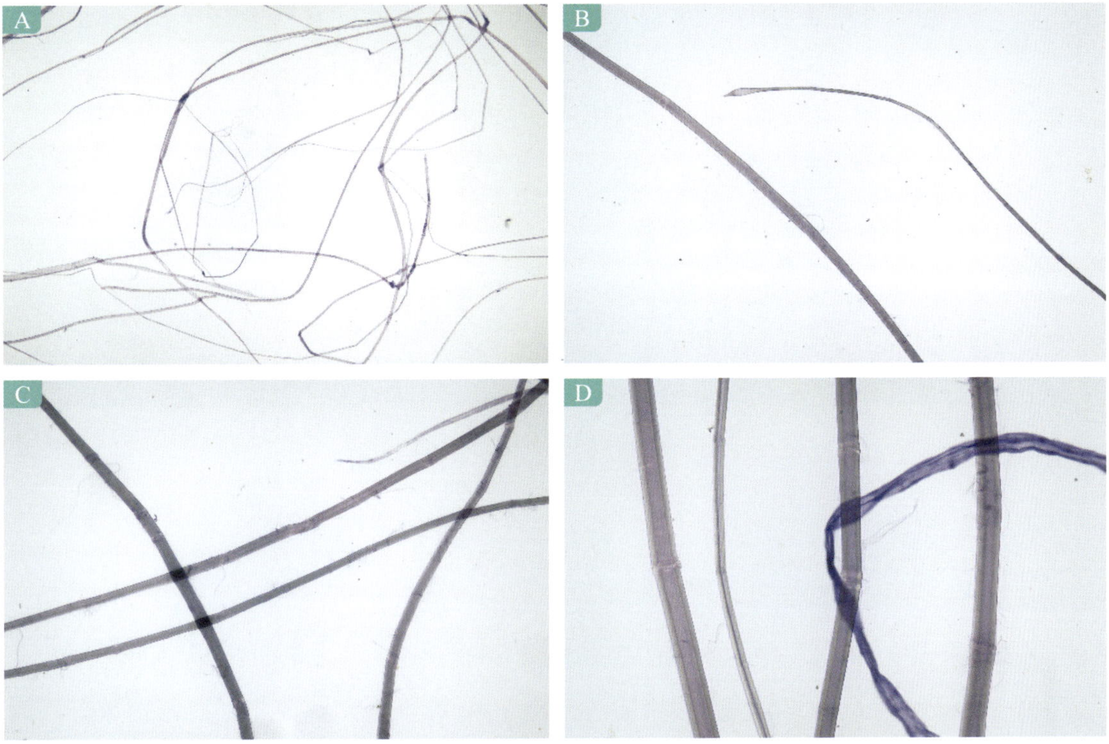

图6　牛角瓜韧皮纤维光学显微镜图

（A）40×；（B）100×；（C）200×；（D）400×

形，少部分纤维末端呈纺锤形膨大。纤维表面横节纹不明显，但细胞腔明显，呈圆柱状，且与纤维壁界线分明。

图7为牛角瓜韧皮纤维的扫描电镜图。从图中可以看出，牛角瓜韧皮纤维整体呈扁平状，宽度均匀，纤维表面较为光滑。

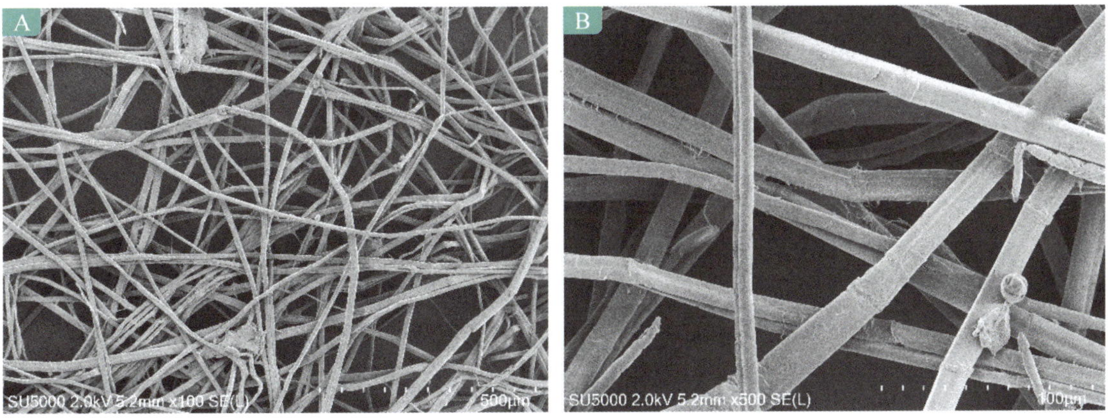

图7

（A）100×；（B）500×

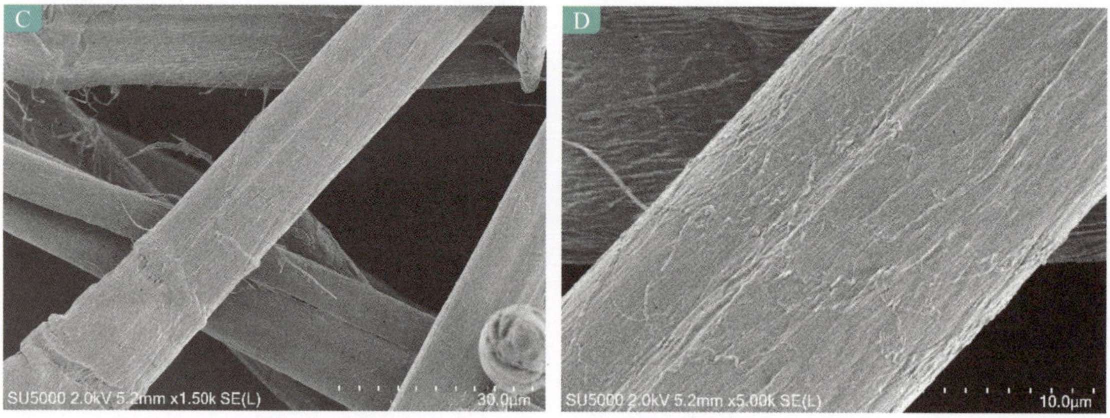

图7 牛角瓜韧皮纤维扫描电镜图

（C）1500×；（D）5000×

【纤维物理性质】

由表3可见，牛角瓜韧皮纤维的结晶度为88.0%；使用比重瓶法测定的纤维密度为1.61g · cm^{-3}；平均微纤丝角度为7°～19°；纤维干法和湿法零距抗张指数分别为57.8N · m · g^{-1}和28.6N · m · g^{-1}；纤维活化能为141.7kJ · mol^{-1}，高于同科的漾濞鹿角藤（111.4kJ · mol^{-1}）。

表3　牛角瓜韧皮纤维物理性质

项目 名称	纤维密度 /g · cm^{-3}	结晶度 /%	微纤丝角 /°	零距抗张指数/N · m · g^{-1}		热重分析活化能 /kJ · mol^{-1}
				干法	湿法	
牛角瓜	1.61	88.0	7~19	57.8	28.6	141.7

5.2　鹿角藤属 *Chonemorpha* G. Don

5.2.1　漾濞鹿角藤 *Chonemorpha griffithii* J. D. Hooker

【形态特征】

攀援木质藤本，达20米，具丰富乳汁，除花外，全株被粗硬毛，枝条被毛渐脱落，老时几无毛，具皮孔，见图1。叶柄长1.5～5厘米；叶片椭圆形或倒卵形，长12～33厘米，宽7～20厘米，基部宽楔形，先端圆形或急尖，背面被毛；侧脉9～12条，近平行，弯拱斜升至叶缘网结。聚伞花序顶生，花多达15枚；苞片披针形，先端尖锐，长约1毫米；花萼长1.1厘米，分裂至基部，萼片窄卵形，长8～12毫米，宽3～4.5毫米，外面被毛，见图2；雄蕊着生在花冠管中部，花丝密被毛；花盘环状，顶端浅裂；子房无毛；柱头顶端被毛。蓇葖果长圆筒形，无毛，长34厘米，宽1.2厘米，见图3；种子顶端具白色绢质种毛，见图4。花期夏季，果期秋冬季。

图1　植株（刘成 拍摄）

图2　花（刘成 拍摄）

图3　果实（刘成 拍摄）

图4　种子（刘成 拍摄）

【生长环境】

生于海拔900～1600米的山谷潮湿地、阴湿地，山谷、山坡、山地密林中。

【地理分布】

产于中国云南、西藏；在印度、缅甸、尼泊尔、泰国也有分布。

【用途】

含胶乳，可制一般日常橡胶制品。

【纤维原料形貌】

漾濞鹿角藤皮纤维原料形貌如图5。

图5 漾濞鹿角藤皮纤维原料图

【化学组成】

表1为漾濞鹿角藤皮的化学组成。漾濞鹿角藤皮的灰分含量为3.20%；纤维素含量为20.35%，含量低于本书中记载的同夹竹桃科植物；半纤维素的含量为12.26%；苯醇抽出物和热水抽出物的含量分别为3.23%和19.60%；酸不溶木素含量为24.44%；酸溶木素含量为1.30%。

表1 漾濞鹿角藤皮化学组成

组分	纤维素	半纤维素	抽出物		木素		灰分
			苯醇抽出物	热水抽出物	酸不溶木素	酸溶木素	
含量/%	20.35	12.26	3.23	19.60	24.44	1.30	3.20

【纤维原料生物结构】

图6为漾濞鹿角藤皮的生物结构图。从图中可以看出，漾濞鹿角藤皮从外到内依次为表皮、周皮和韧皮部，其中韧皮部主要由韧皮纤维、韧皮薄壁细胞、韧皮射线和石细胞等构成。纤维细胞腔小、壁厚，呈星散分布，与韧皮薄壁细胞交错排列，排列秩序性较差。石细胞呈团状聚集于近表皮处。

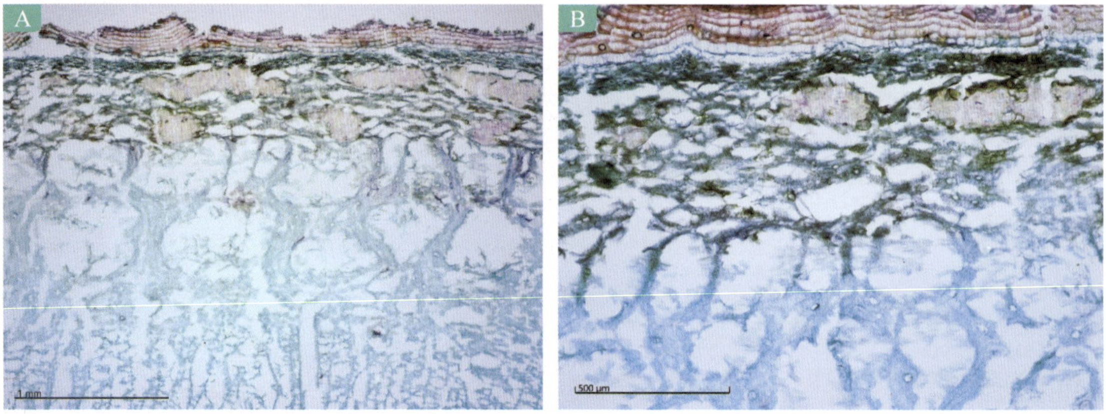

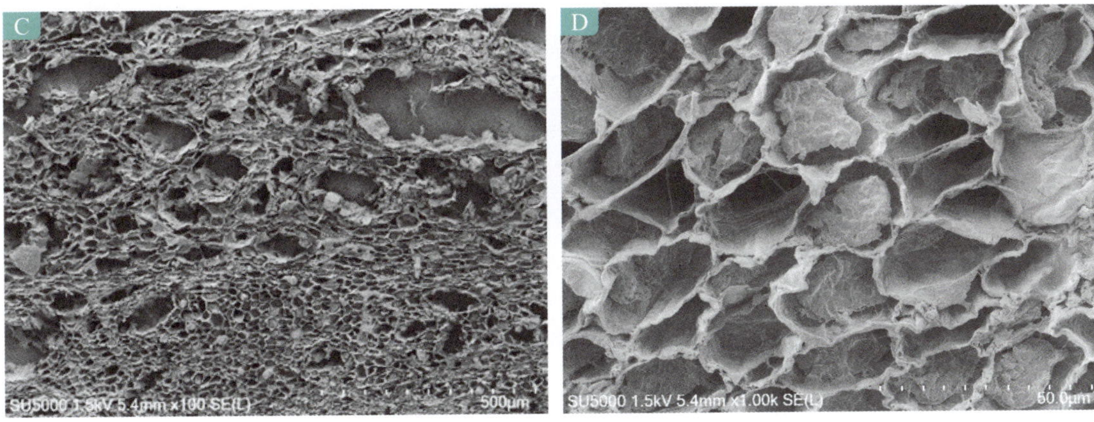

图6　漾濞鹿角藤皮生物结构图

（A）超景深显微镜图（×100）；（B）超景深显微镜图（×200）；
（C）扫描电镜图（×100）；（D）扫描电镜图（×1000）

【纤维形态分析】

漾濞鹿角藤韧皮纤维形态分析结果见表2。

表2　漾濞鹿角藤韧皮纤维形态光学显微镜法分析结果

名称＼项目	数量平均纤维长度/mm	宽度/μm	长宽比	壁厚/μm	胞腔直径/μm	壁腔比
漾濞鹿角藤	8.60	18.93	454	6.14	3.38	3.63

注：长宽比=数量平均纤维长度/宽度。

【纤维微观形貌】

图7为漾濞鹿角藤韧皮纤维的光学显微镜图。从图中可以看出，经赫氏染色剂染

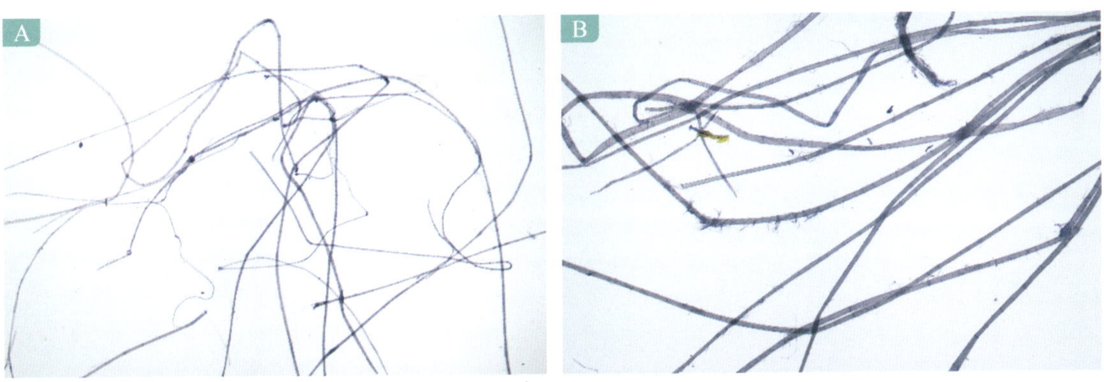

图7

（A）40×；（B）100×

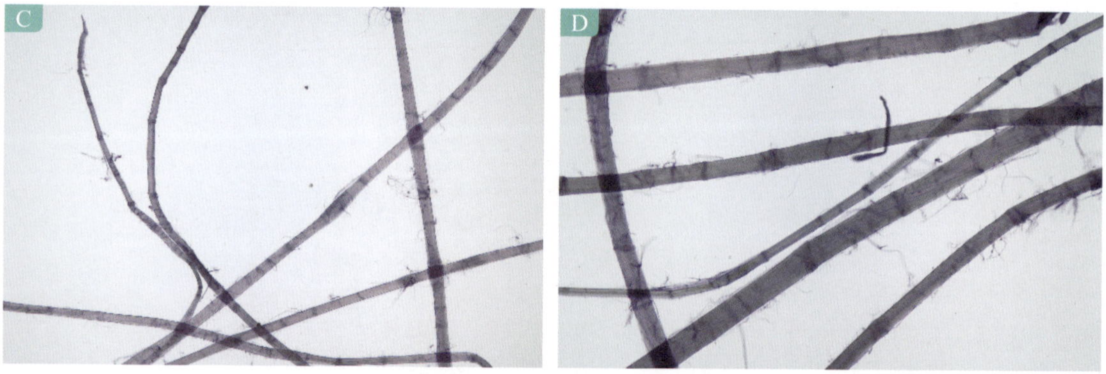

图7 漾濞鹿角藤韧皮纤维光学显微镜图

（C）200×；（D）400×

色后，解离得到的漾濞鹿角藤韧皮纤维呈蓝紫色，长度较长。纤维整体形态纤细、易弯曲，粗细均匀，端部多为钝圆状。纤维表面横节纹颜色较浅且稀疏，未见明显细胞腔。

图8为漾濞鹿角藤韧皮纤维的扫描电镜图。漾濞鹿角藤韧皮纤维呈圆柱状，纤维宽度较为均匀，纤维边缘存在较多的的絮状微纤丝。

图8 漾濞鹿角藤韧皮纤维扫描电镜图

（A）100×；（B）500×；（C）1500×；（D）5000×

【纤维物理性质】

由表3可见，漾濞鹿角藤韧皮纤维的结晶度为85.5%；使用比重瓶法测定的纤维密度为1.55g·cm^{-3}；平均微纤丝角度为14°～15°；纤维干法和湿法零距抗张指数分别为84.1N·m·g^{-1}和41.0N·m·g^{-1}，均高于同科不同属的牛角瓜（干法57.8N·m·g^{-1}、湿法28.6N·m·g^{-1}）；纤维活化能为111.4kJ·mol^{-1}。

表3 漾濞鹿角藤韧皮纤维物理性质

项目 / 名称	纤维密度 /g·cm^{-3}	结晶度 /%	微纤丝角 /°	零距抗张指数/N·m·g^{-1}		热重分析活化能 /kJ·mol^{-1}
				干法	湿法	
漾濞鹿角藤	1.55	85.5	14~15	84.1	41.0	111.4

5.3 鸡骨常山属 *Alstonia* R. Brown

5.3.1 羊角棉 *Alstonia mairei* H. Léveillé

【形态特征】

直立灌木，高达2米，具乳汁；枝条无毛，具灰白色的皮孔，见图1。叶柄长0.8～1.5厘米；叶片薄纸质，3～5片轮生，披针形或倒披针形，基部窄楔形，先端渐尖或尾尖，长4～14厘米，宽0.8～3厘米，两面无毛；侧脉每边27～70对，与中脉成45°～55°夹角。花白色，多朵组成顶生或近顶生的聚伞花序；总花梗长1.5～3.5厘米；花梗长2～15毫米，无毛；萼片三角形，长1～2毫米，两面无毛；花冠高脚碟状，花冠筒细长，长1～2厘米，近喉部膨大，下部柔弱，外面无毛，内面在膨大处被短柔毛，裂片长圆形，长6～10毫米；花药长圆形，长约2.5毫米，花丝极短，着生在花冠筒膨大处；子房长约1.5毫米，由2枚离生心皮组成，无毛，每心皮有胚珠多颗，花柱长6.5毫米，柱头棒状，顶端2裂；花盘由2枚舌

图1 植株（蔡杰 拍摄）

状鳞片组成与心皮互生，高达子房一半，见图2。蓇葖果双生，线形，长5～10厘米，直径0.3～0.5厘米，见图3；种子长圆形，长约7毫米，扁平，稍向腹部弯曲，两端被黄白色缘毛。花期5～10月，果期冬季至翌年春季。

图2 花（蔡杰 拍摄）

图3 果实（蔡杰 拍摄）

【生长环境】

生于海拔700～1500米的山地疏林下岩石上。

【地理分布】

产于中国云南、贵州和四川。

【用途】

根、叶捣碎，民间用来治刀伤出血和治疮毒。

【纤维原料形貌】

羊角棉皮纤维原料形貌如图4。

图4 羊角棉皮纤维原料图

【化学组成】

表1为羊角棉皮的化学组成。羊角棉皮的灰分含量为5.02%；纤维素及半纤维素的含量分别为36.66%和16.71%；苯醇抽出物和热水抽出物的含量分别为11.30%和16.50%，抽出物总含量位于同夹竹桃科最高；酸溶木素和酸不溶木素含量分别为3.91%和5.80%。

表1　羊角棉皮化学组成

组分	纤维素	半纤维素	抽出物		木素		灰分
			苯醇抽出物	热水抽出物	酸不溶木素	酸溶木素	
含量/%	36.66	16.71	11.30	16.50	5.80	3.91	5.02

【纤维原料生物结构】

图5为羊角棉的生物结构图。如图所示，羊角棉皮从外到内依次为表皮、周皮和韧皮部，韧皮部主要由韧皮纤维、韧皮薄壁细胞、韧皮射线和石细胞等构成。纤维细胞腔小、壁厚，与韧皮薄壁细胞交错分布于韧皮部，在韧皮部中占比小。韧皮射线向外逐渐增宽，从单列逐渐变成多列。石细胞呈团状聚集分布在近表皮处；此外、韧皮部中部还存在少量呈团聚状分布的高度木质化纤维。

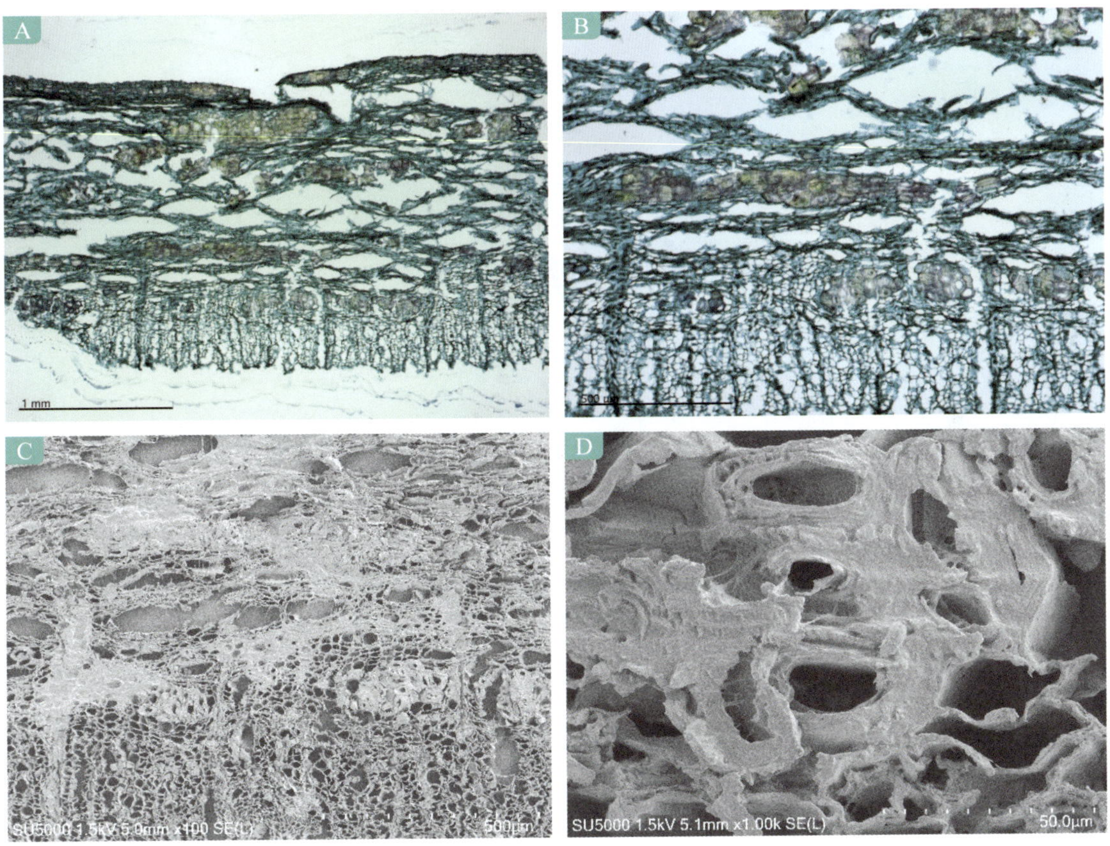

图5　羊角棉皮生物结构图

（A）超景深显微镜图（×100）；（B）超景深显微镜图（×200）；
（C）扫描电镜图（×100）；（D）扫描电镜图（×1000）

【纤维形态分析】

羊角棉韧皮纤维形态分析结果见表2。

表2 羊角棉韧皮纤维形态光学显微镜法分析结果

项目 名称	数量平均纤维长度/mm	宽度/μm	长宽比	壁厚/μm	胞腔直径/μm	壁腔比
羊角棉	12.10	33.88	357	2.88	3.73	1.54

注：长宽比=数量平均纤维长度/宽度。

【纤维微观形貌】

图6为羊角棉韧皮纤维的光学显微镜图。从图中可以看出，羊角棉韧皮纤维长度较长，经赫氏染色剂染色后呈浅棕或粉紫色。纤维整体粗长、均匀，呈圆柱形，部分纤维端部呈现纺锤形膨大，但整体末端形态以钝圆状为主。纤维表面横节纹清晰可见，节纹间距较均匀，部分区段较密集，密集处节纹凸起明显。纤维细胞腔宽窄不一，部分细胞腔清晰可见，且与纤维细胞壁分界明显。

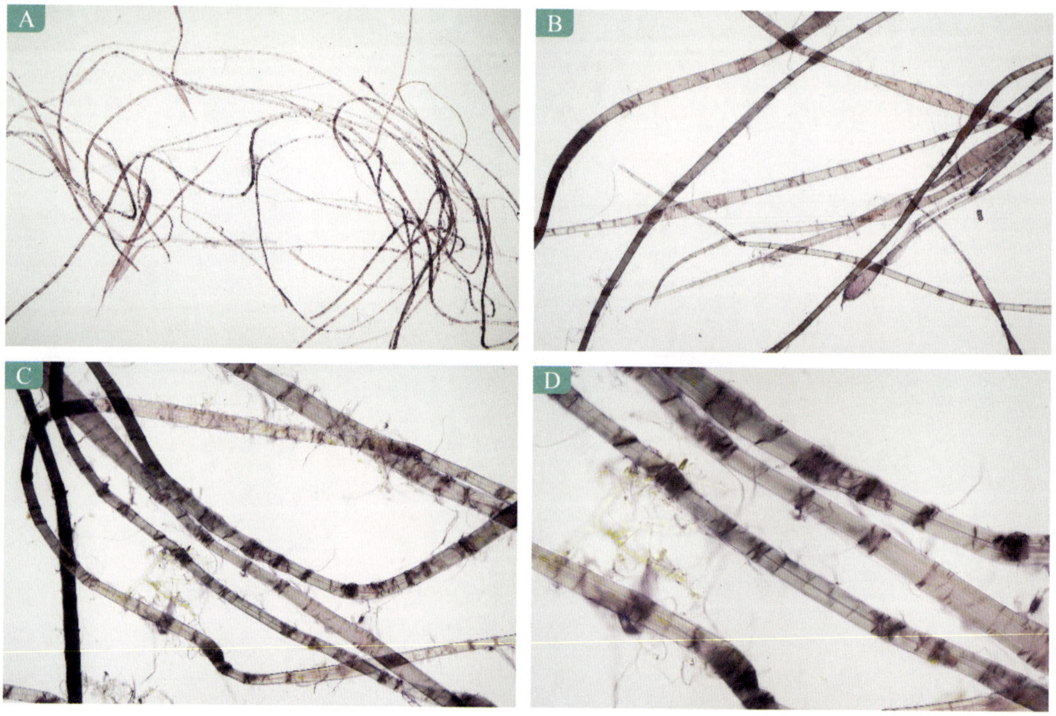

图6 羊角棉韧皮纤维光学显微镜图

（A）40×；（B）100×；（C）200×；（D）400×

图7为羊角棉韧皮纤维的扫描电镜图。从图中可以观察到羊角棉韧皮纤维整体呈扁平状，部分纤维中段明显宽于两端，与漾濞鹿角藤韧皮纤维相似，其纤维边缘存在较多絮状微纤丝。

图7　羊角棉韧皮纤维扫描电镜图

（A）100×；（B）500×；（C）1500×；（D）5000×

【纤维物理性质】

由表3可见，羊角棉韧皮纤维的结晶度为72.3%；使用比重瓶法测定的纤维密度为1.59g·cm^{-3}；平均微纤丝角度为32°～41°；纤维干法和湿法零距抗张指数分别为49.5N·m·g^{-1}和16.8N·m·g^{-1}；纤维活化能为121.2kJ·mol^{-1}。

表3　羊角棉韧皮纤维物理性质

项目 名称	纤维密度 /g·cm^{-3}	结晶度 /%	微纤丝角 /°	零距抗张指数/N·m·g^{-1}		热重分析活化能 /kJ·mol^{-1}
				干法	湿法	
羊角棉	1.59	72.3	32~41	49.5	16.8	121.2

中国野生植物韧皮纤维特性及显微图谱
Characteristics and Microscopic Atlas of Phloem Fibers from Chinese Wild Plants

第6章

豆科

Fabaceae

6.1 首冠藤属 *Cheniella* R. Clark & Mackinder

6.1.1 囊托首冠藤 *Cheniella touranensis* (Gagnepain) R. Clark & Mackinder

【形态特征】

木质藤本；枝与小枝初时被伏贴短柔毛，后变无毛；卷须纤细，略扁，一面被丝质柔毛，见图1。叶柄长1～2厘米，无毛；叶片纸质，近圆形，长3.5～6厘米，宽4～6.5厘米，基部心形，先端分裂达叶长1/6～1/5，裂片顶端圆钝，上面无毛，下面幼时略被极稀疏柔毛，以后除脉上和脉腋间有锈色柔毛外其余无毛；基出脉7～9条。伞房式总状花序单生于侧枝顶，或3～4个顶生和侧生于小枝先端，长6～9厘米；总花梗、花梗和花蕾被伏贴锈色柔毛；苞片和小苞片线形，渐尖，长6～9毫米；花蕾椭圆状至近球形，花梗纤细，最下部的长达2厘米，基部有一卷须；花托与花梗相接连处常屈曲呈90°角，一侧膨大而叶状；萼5裂，卵形，渐尖；花瓣绿色或黄白色，不相等，具长柄，瓣片近圆形、卵形和倒卵形，长约6毫米，背面中部被毛；能育雄蕊3，花丝无毛；子房长4～5毫米，缝线和子房柄均被锈色柔毛，花柱短，柱头头状，见图2。荚果带状，扁平，长12～16厘米，宽3～3.5厘米，不裂，无毛，荚缝略增厚，果瓣革质，见图3；

图1 植株（郭永杰 拍摄）

图2 花（郭永杰 拍摄）

图3 果实（李永亮 拍摄）

种子椭圆形，压扁，长8毫米，直径6毫米。花期3～6月；果期8～10月。

【生长环境】

生于海拔500～1200米的山地沟谷疏林或密林下及石山灌丛中。

【地理分布】

产于中国云南、贵州和广西；在老挝、缅甸、越南也有分布。

【纤维原料形貌】

囊托首冠藤皮纤维原料形貌如图4。

图4 囊托首冠藤皮纤维原料图

【化学组成】

表1为囊托首冠藤皮的化学组成。囊托首冠藤皮的灰分含量为5.24%；纤维素及半纤维素的含量分别为25.24%和12.95%；苯醇抽出物和热水抽出物的含量分别为7.03%和20.97%，抽出物总含量远高于本书中同科属的鞍叶羊蹄甲；酸溶木素和酸不溶木素含量分别为2.08%和16.32%。

表1 囊托首冠藤皮化学组成

组分	纤维素	半纤维素	抽出物		木素		灰分
			苯醇抽出物	热水抽出物	酸不溶木素	酸溶木素	
含量/%	25.24	12.95	7.03	20.97	16.32	2.08	5.24

【纤维原料生物结构】

图5为囊托首冠藤皮的生物结构图。如图所示，囊托首冠藤皮从外到内依次为表皮、周皮和韧皮部，其中韧皮部主要由韧皮纤维、韧皮薄壁细胞和韧皮射线等构成。纤维细胞壁厚、腔小，排列紧密有序。纤维聚集成束状分布，在韧皮部占比较大。韧皮薄壁细胞零星散布于纤维束之间。韧皮射线细胞向外逐渐增宽，由单列逐渐转变为多列。此外，近表皮区域散在分布着团块状聚集的石细胞。

【纤维形态分析】

囊托首冠藤韧皮纤维形态分析结果见表2。

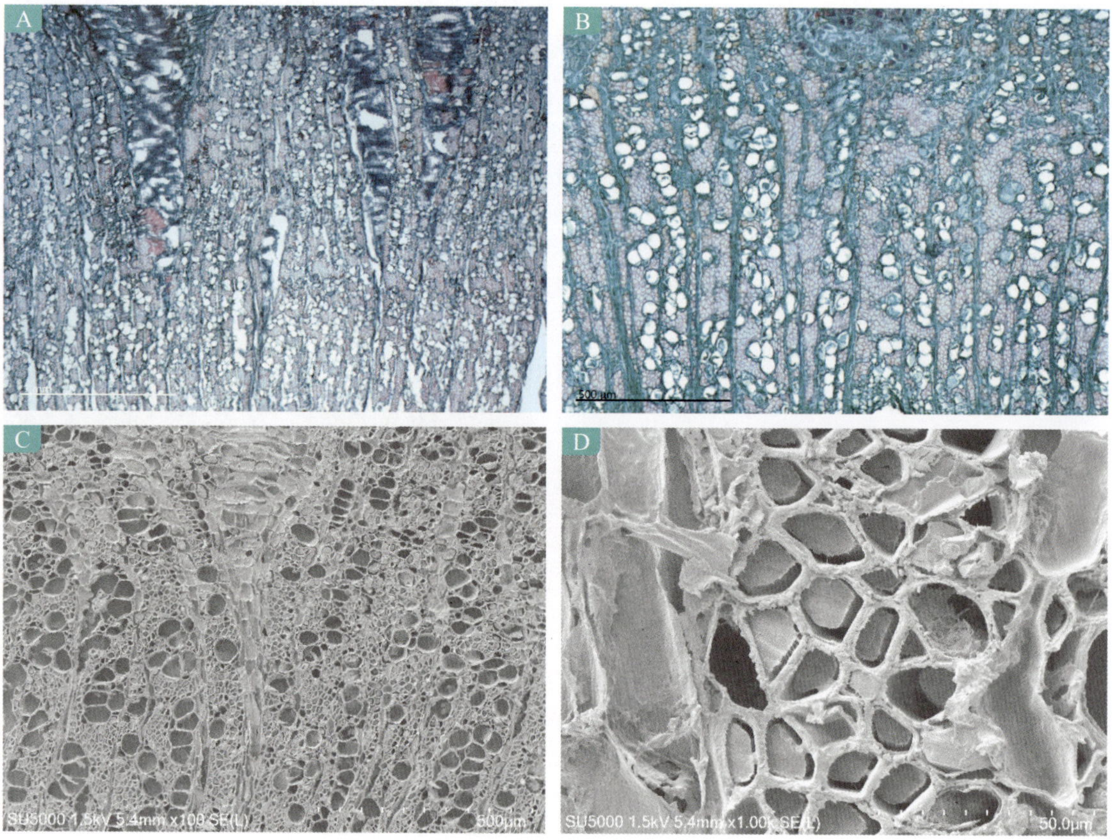

图5 囊托首冠藤皮生物结构图图

（**A**）超景深显微镜图（×**100**）；（**B**）超景深显微镜图（×**200**）；
（**C**）扫描电镜图（×**100**）；（**D**）扫描电镜图（×**1000**）

表2 囊托首冠藤韧皮纤维形态分析结果

项目／名称	纤维图像分析仪					光学显微镜法		
	平均长度/mm			宽度/μm	长宽比	壁厚/μm	胞腔直径/μm	壁腔比
	算术平均	长度加权	重量加权					
囊托首冠藤	0.57	1.46	2.08	21.26	69	3.77	2.07	3.64

注：长宽比＝长度加权平均长度/宽度。

【纤维微观形貌】

图6为囊托首冠藤韧皮纤维的光学显微镜图。如图所示，经解离得到的囊托首冠藤韧皮纤维经赫氏染色剂染色后呈棕红色或酒红色。纤维长度较短，两端逐渐变细，端部多为钝圆状，少部分呈钝尖状或凸齿状。纤维未见明显细胞腔。部分纤维表面有浅细的横节纹，密集处似网状；另有部分纤维表面附着胶质膜。

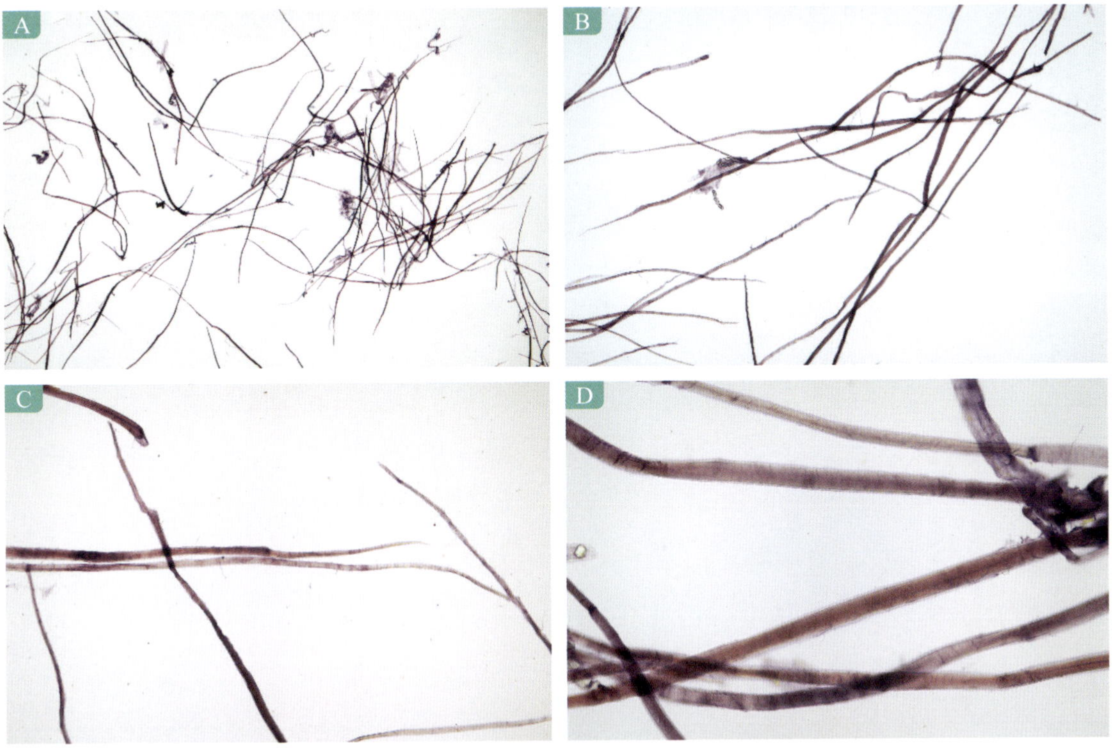

图6 囊托首冠藤韧皮纤维光学显微镜图

（A）40×；（B）100×；（C）200×；（D）400×

图7为囊托首冠藤韧皮纤维的扫描电镜图。如图所示，囊托首冠藤韧皮纤维整体平直，呈扁平状，粗细均匀，可见少量杂细胞；纤维表面褶皱较明显。

【纤维物理性质】

由表3可见，囊托首冠藤韧皮纤维的结晶度为88.8%；使用比重瓶法测定的纤维

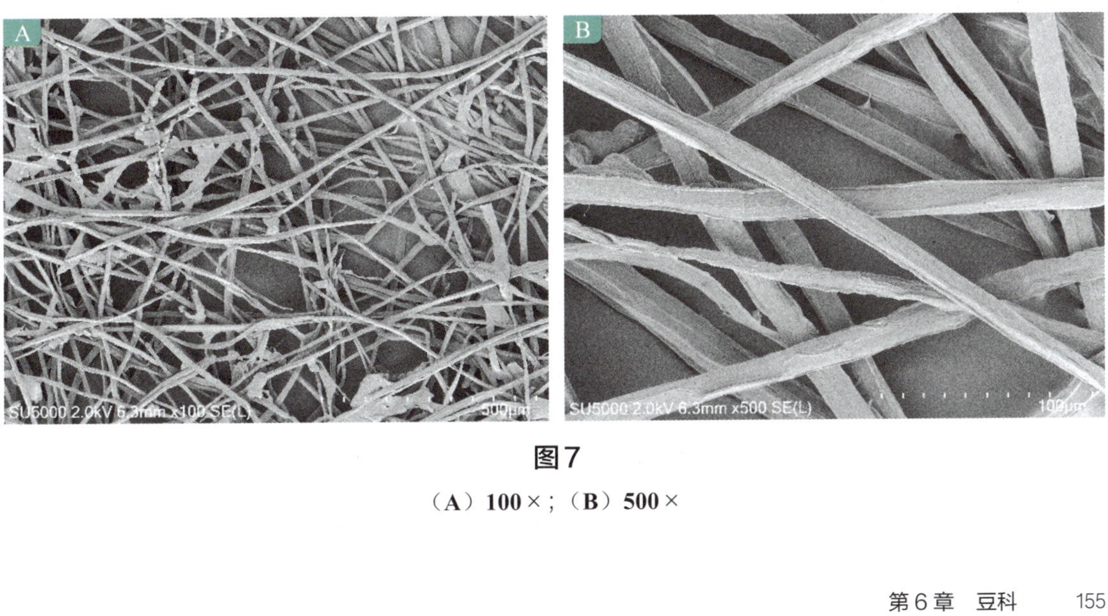

图7

（A）100×；（B）500×

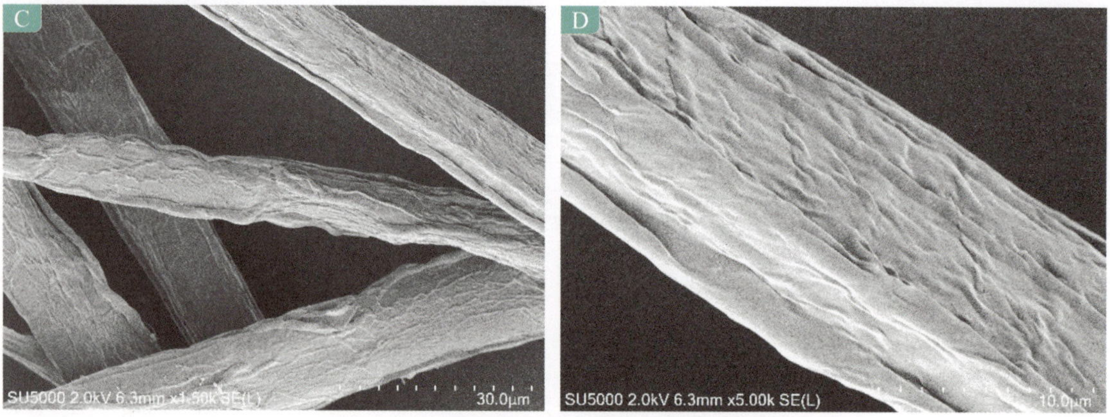

图7　囊托首冠藤韧皮纤维扫描电镜图

（C）1500×；（D）5000×

密度为1.63g·cm^{-3}；平均微纤丝角度为6°～9°；纤维干法和湿法零距抗张指数分别为40.7N·m·g^{-1}和31.6N·m·g^{-1}；纤维活化能为105.1kJ·mol^{-1}。

表3　囊托首冠藤韧皮纤维物理性质

项目 名称	纤维密度 /g·cm^{-3}	结晶度 /%	微纤丝角 /°	零距抗张指数/N·m·g^{-1}		热重分析活化能 /kJ·mol^{-1}
				干法	湿法	
囊托首冠藤	1.63	88.8	6~9	40.7	31.6	105.1

6.2　羊蹄甲属 *Bauhinia* Linnaeus

6.2.1　鞍叶羊蹄甲 *Bauhinia brachycarpa* Wallich ex Bentham

【形态特征】

直立或匍匐小灌木或小乔木，高达5米；小枝纤细，具棱，幼时微柔毛，后秃净，见图1。托叶丝状早落；叶柄纤细，长6～16毫米；叶片纸质或膜质，近圆形，长3～6厘米，宽4～7厘米，基部近截形或浅心形，先端2裂达中部，罅口狭，裂片先端圆钝，上面无毛，下面略被稀疏的微柔毛；基出脉7～9（～11）条。伞房式总状花序侧生，连总花梗长1.5～3厘米，有密集的花十余朵；总花梗短，与花梗同被短柔毛；苞片线形，锥尖，早落；花蕾椭圆形，多少被柔毛；花托陀螺形；萼佛焰状，裂片2；花瓣白色，卵形至倒披针形，连瓣柄长7～8毫米，见图1；能育雄蕊通常10枚，其中5枚较长，花丝长5～6毫米，无毛；子房被茸毛，具短的子房柄，柱头盾状。荚果长圆形，扁平，长5～7.5厘米，宽9～12毫米，两端渐狭，先端具短喙，成熟时开裂，果瓣革质，初时被短柔毛，渐变无毛，平滑，开裂后扭曲，见图2；种子2～4颗，卵形，略扁平，褐色，有光泽。花期5～7月；果期8～10月。

图1 花（郭永杰 拍摄）

图2 果实（郭永杰 拍摄）

【生长环境】

生于海拔800～2200米的山地草坡和河溪旁灌丛中。

【地理分布】

产于中国云南、四川、甘肃、湖北；在印度、缅甸、泰国也有分布。

【纤维原料形貌】

鞍叶羊蹄甲皮纤维原料形貌如图3。

图3 鞍叶羊蹄甲皮纤维原料图

【化学组成】

表1为鞍叶羊蹄甲皮的化学组成。鞍叶羊蹄甲皮的灰分含量为7.92%；纤维素及半纤维素的含量分别为16.34%和5.95%，相较于本书所记载的其它科属略低；苯醇抽出物和热水抽出物的含量分别为5.99%和4.43%；酸溶木素含量为2.75%，酸不溶木素含量较高，为31.85%。

表1 鞍叶羊蹄甲皮化学组成

组分	纤维素	半纤维素	抽出物		木素		灰分
			苯醇抽出物	热水抽出物	酸不溶木素	酸溶木素	
含量/%	16.34	5.95	5.99	4.43	31.85	2.75	7.92

【纤维原料生物结构】

图4为鞍叶羊蹄甲皮的生物结构图。如图所示，鞍叶羊蹄甲皮从外到内依次为表皮、周皮和韧皮部，韧皮部主要由韧皮纤维、韧皮薄壁细胞和韧皮射线等构成。纤维细胞腔小、壁厚，排列紧凑整齐，具有明显的取向性。由韧皮纤维构成的纤维束呈横向排列，数个横向行之间由韧皮薄壁细胞间隔，单个横向行中纤维的群体可达数十个。靠近表皮处，韧皮纤维数量减少。韧皮射线细胞呈单列，未见明显石细胞。

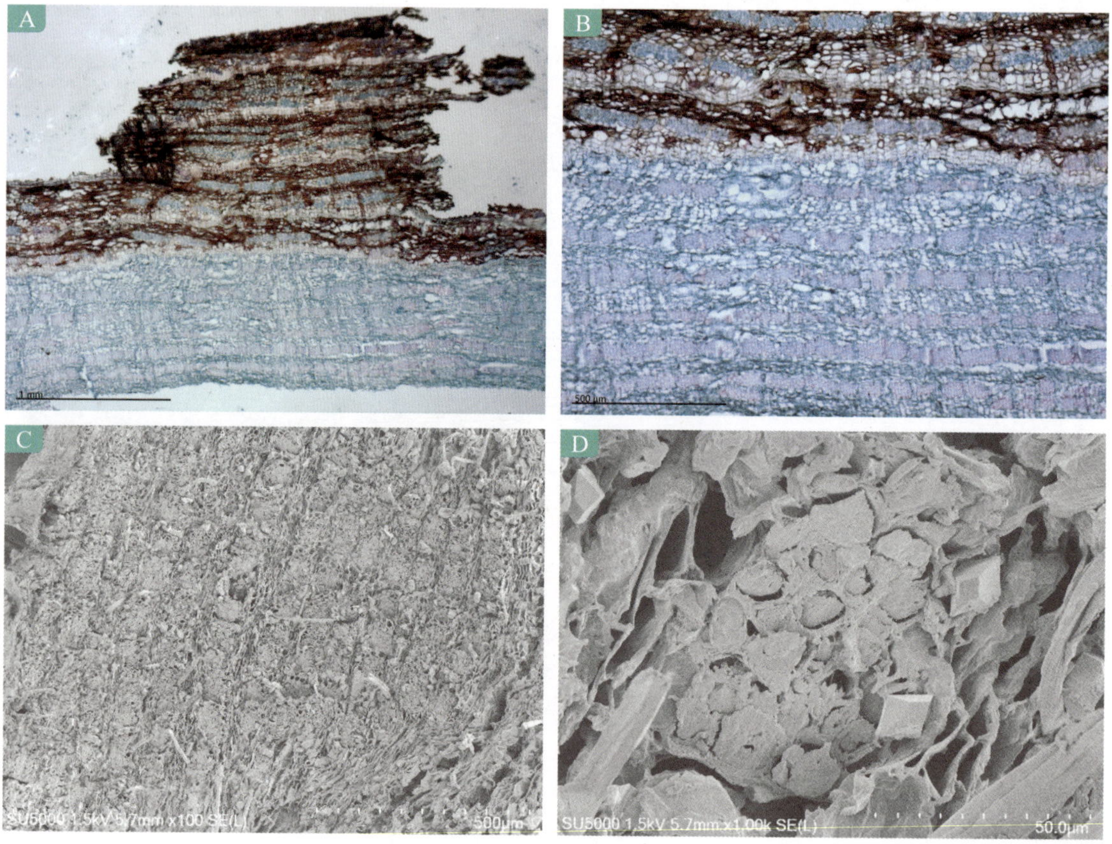

图4 鞍叶羊蹄甲皮生物结构图

（A）超景深显微镜图（×100）；（B）超景深显微镜图（×200）；
（C）扫描电镜图（×100）；（D）扫描电镜图（×1000）

【纤维形态分析】

鞍叶羊蹄甲韧皮纤维形态分析结果见表2。

表2　鞍叶羊蹄甲韧皮纤维形态分析结果

项目 / 名称	纤维图像分析仪					光学显微镜法		
	平均长度/mm			宽度/μm	长宽比	壁厚/μm	胞腔直径/μm	壁腔比
	算术平均	长度加权	重量加权					
鞍叶羊蹄甲	0.65	1.06	1.28	16.14	66	3.88	2.27	3.42

注：长宽比=长度加权平均长度/宽度。

【纤维微观形貌】

图5为鞍叶羊蹄甲韧皮纤维的光学显微镜图。如图所示，鞍叶羊蹄甲韧皮纤维经赫氏染色剂染色后呈紫红色。纤维长度较短，两端略细，端部多为钝圆状，少数呈钝尖状或凸齿状。纤维细胞壁横节纹不明显，细胞腔亦不明显。

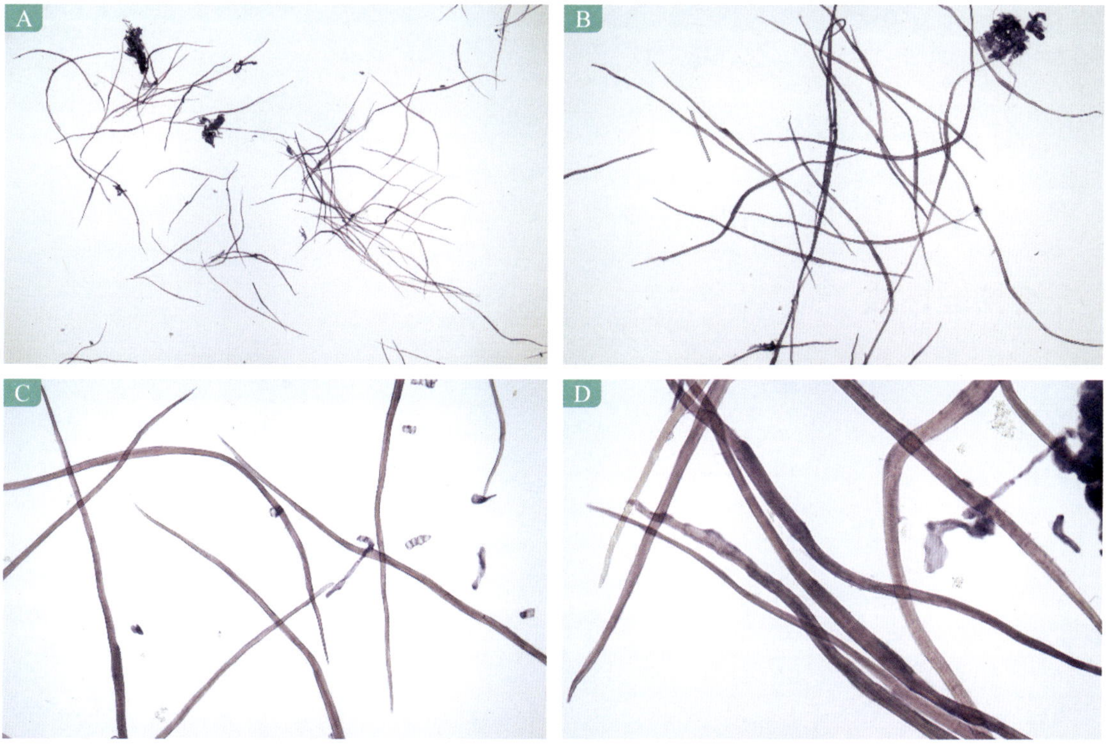

图5　鞍叶羊蹄甲韧皮纤维光学显微镜图

（A）40×；（B）100×；（C）200×；（D）400×

图6为鞍叶羊蹄甲韧皮纤维的扫描电镜图。如图所示，鞍叶羊蹄甲韧皮纤维宽度均匀，存在少量杂细胞；纤维表面纵向褶皱明显。

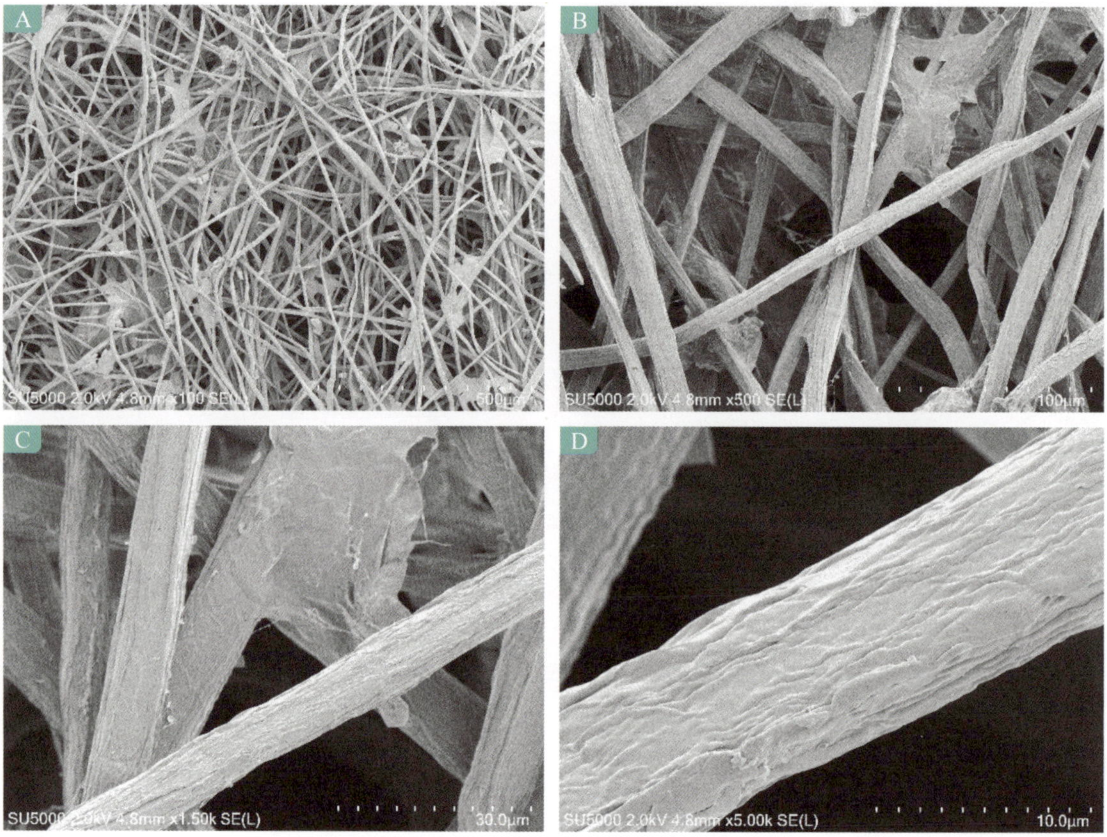

图6 鞍叶羊蹄甲韧皮纤维扫描电镜图

（A）100×；（B）500×；（C）1500×；（D）5000×

【纤维物理性质】

由表3可见，鞍叶羊蹄甲韧皮纤维的结晶度为76.8%；使用比重瓶法测定的纤维密度为1.63g·cm^{-3}；平均微纤丝角度为8°～27°；纤维干法和湿法零距抗张指数分别为58.1N·m·g^{-1}和23.0N·m·g^{-1}；纤维活化能为141.3kJ·mol^{-1}，高于同科属的囊托首冠藤（105.1kJ·mol^{-1}）。

表3　鞍叶羊蹄甲韧皮纤维物理性质

<table>
<tr><th rowspan="2">项目
名称</th><th rowspan="2">纤维密度
/g·cm^{-3}</th><th rowspan="2">结晶度
/%</th><th rowspan="2">微纤丝角
/°</th><th colspan="2">零距抗张指数/N·m·g^{-1}</th><th rowspan="2">热重分析活化能
/kJ·mol^{-1}</th></tr>
<tr><th>干法</th><th>湿法</th></tr>
<tr><td>鞍叶羊蹄甲</td><td>1.63</td><td>76.8</td><td>8~27</td><td>58.1</td><td>23.0</td><td>141.3</td></tr>
</table>

第 7 章

大麻科
Cannabaceae

7.1 山黄麻属 *Trema* Loureiro

7.1.1 异色山黄麻 *Trema orientalis* (Linnaeus) Blume

【形态特征】

乔木或灌木，高达20米，胸径达80厘米；树皮灰色，光滑，老干上有不规则浅裂纹，小枝灰褐色，被毛，见图1。托叶条状披针形，长5～9毫米；叶柄长8～20毫米，被毛；叶片革质且易脆，卵状矩圆形或卵形，长10～18（～22）厘米，宽5～9（～11）厘米，基部心形，多少偏斜，先端常渐尖或锐尖，边缘有细锯齿，两面异色，干时叶面淡绿色或灰绿色，稍粗糙，常有皱纹，叶背灰白色或淡绿灰色，密被绒毛（毡毛）；基出脉3，其侧生的一对达叶片的中上部，侧脉4～6对，在近边缘不明显网结。雄花序长1.8～2.5（3.5）厘米，被毛；雄花直径1.5～2毫米，几乎无梗，花被片5，卵状矩圆形，外面被微毛，边缘有缘毛，雄蕊5,退化雌蕊倒卵状圆锥形，稍压扁；雌花序长1～2.5厘米；雌花具梗，花被片4或5，三角状卵形，长1～1.5毫米，外面疏生细毛，以后脱落，具缘毛。核果卵状球形或近球形，稍压扁，长3～5毫米，直径2.5～3.5毫米，成熟时稍皱，黑色，具宿存的花被，见图2；种子阔卵珠状，稍压扁，直径2～3毫米。花期3～5（～6）月，果期6～11月。

图1 植株（李永亮 拍摄）

图2 果实（李永亮 拍摄）

【生长环境】

生于海拔400～1900米的较湿润林或较干燥的山坡灌丛中，常为星散分布。

【地理分布】

产于中国福建、台湾、广东、海南、广西、贵州、四川、西藏、云南；在尼泊尔、印度、斯里兰卡、泰国、越南、孟加拉国、缅甸、马来西亚、印度尼西亚、菲律宾、南太平洋诸岛等地也有分布。

【用途】

树皮纤维可编绳索，作造纸原料，亦可织粗布和作缚捆材料。

【纤维原料形貌】

异色山黄麻皮纤维原料形貌如图3。

图3 异色山黄麻皮纤维原料图

【化学组成】

表1为异色山黄麻皮的化学组成。异色山黄麻皮的灰分含量为3.94%；纤维素及半纤维素的含量分别为22.12%和9.62%；苯醇抽出物和热水抽出物的含量分别为3.98%和18.71%；酸溶木素和酸不溶木素含量分别为1.12%和23.81%。

表1 异色山黄麻皮化学组成

组分	纤维素	半纤维素	抽出物		木素		灰分
			苯醇抽出物	热水抽出物	酸不溶木素	酸溶木素	
含量/%	22.12	9.62	3.98	18.71	23.81	1.12	3.94

【纤维原料生物结构】

图4为异色山黄麻皮的生物结构图。如图所示，异色山黄麻皮从外到内依次为表皮、周皮和韧皮部，韧皮部主要由韧皮纤维、韧皮薄壁细胞和韧皮射线等构成。纤维细胞腔小、壁厚，呈零散分布，与薄壁细胞交错排列，所占比例较低。韧皮射线细胞呈单列排列。石细胞则于近表皮区域呈团簇状聚集分布。

【纤维形态分析】

异色山黄麻韧皮纤维形态分析结果见表2。

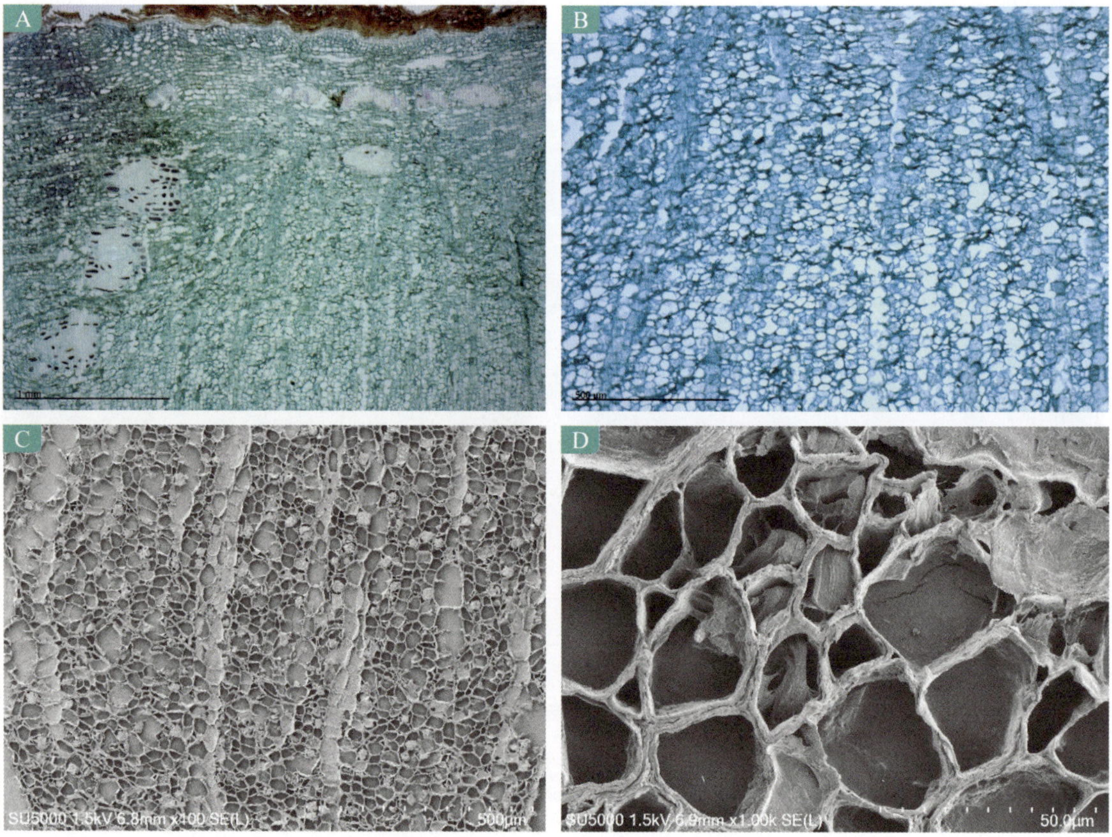

图4 异色山黄麻皮生物结构图

（**A**）超景深显微镜图（×**100**）；（**B**）超景深显微镜图（×**200**）；
（**C**）扫描电镜图（×**100**）；（**D**）扫描电镜图（×**1000**）

表2 异色山黄麻韧皮纤维形态分析结果

项目 / 名称	纤维图像分析仪					光学显微镜法		
	平均长度/mm			宽度/μm	长宽比	壁厚/μm	胞腔直径/μm	壁腔比
	算术平均	长度加权	重量加权					
异色山黄麻	0.50	1.81	3.43	25.94	70	5.82	4.11	2.83

注：长宽比＝长度加权平均长度/宽度。

【纤维微观形貌】

图5为异色山黄麻韧皮纤维的光学显微镜图。如图所示，异色山黄麻韧皮纤维经赫氏染色剂染色后呈暗紫色，长度中等，形态匀整。纤维中部略有加宽，两端逐渐变细，端部多为钝圆状。纤维未见明显细胞腔。部分纤维表面有密集的横节纹，部分纤维表面可见网状纹理。

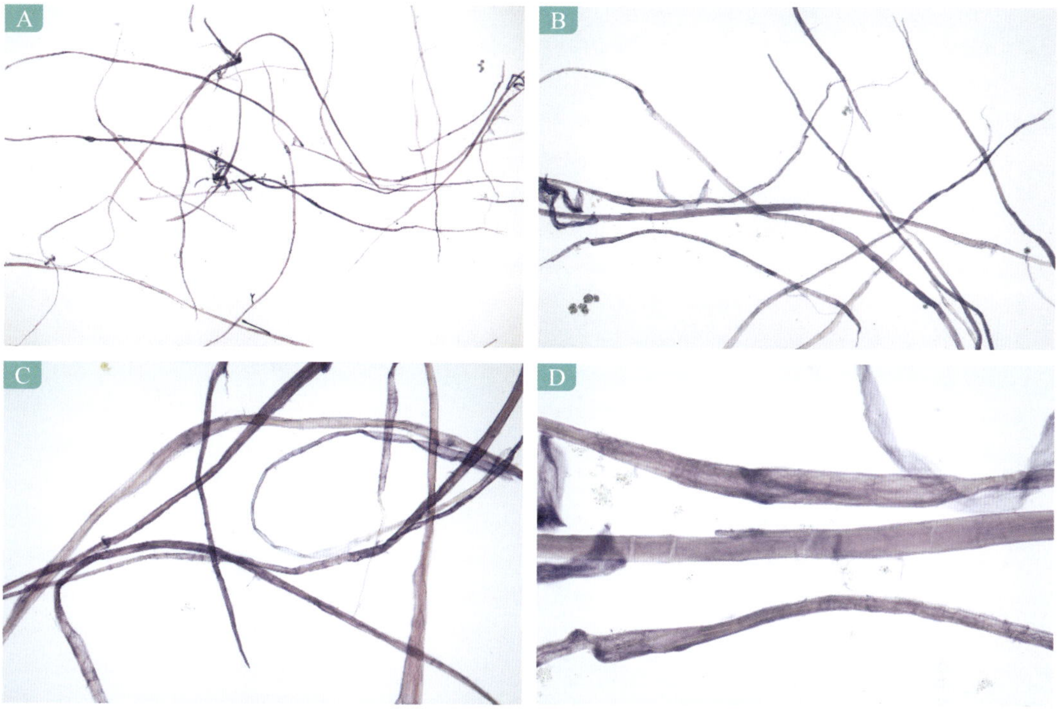

图5 异色山黄麻韧皮纤维光学显微镜图

(A) 40×;(B) 100×;(C) 200×;(D) 400×

图6为异色山黄麻韧皮纤维的扫描电镜图。如图所示，异色山黄麻韧皮纤维为扁平状，从图6（A）中可观察到少量杂细胞；由图6（D）可发现，异色山黄麻韧皮纤维表面附着一层微纤丝，且存在明显纵向褶皱。

【纤维物理性质】

由表3可见，异色山黄麻韧皮纤维的结晶度为81.3%；使用比重瓶法测定的纤维

图6

(A) 100×;(B) 500×

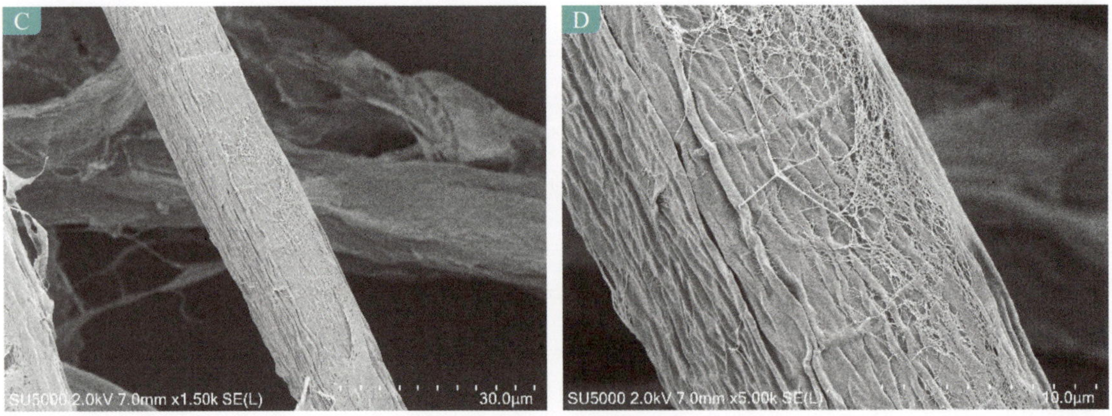

图6　异色山黄麻韧皮纤维扫描电镜图

（C）1500×；（D）5000×

密度为1.52g·cm^{-3}；平均微纤丝角度为16°～38°；纤维干法和湿法零距抗张指数分别为45.6N·m·g^{-1}和26.4N·m·g^{-1}；纤维活化能为118.1kJ·mol^{-1}。

表3　异色山黄麻韧皮纤维物理性质

项目 名称	纤维密度 /g·cm^{-3}	结晶度 /%	微纤丝角 /°	零距抗张指数/N·m·g^{-1}		热重分析活化能 /kJ·mol^{-1}
				干法	湿法	
异色山黄麻	1.52	81.3	16~38	45.6	26.4	118.1

第 8 章

紫草科
Boraginaceae

8.1 破布木属

8.1 破布木属 *Cordia* Linnaeus

8.1.1 破布木 *Cordia dichotoma* G. Forster

【形态特征】

乔木，高3～8米，见图1。叶柄长2～5厘米；叶片卵形、宽卵形或椭圆形，长6～13厘米，宽4～9厘米，基部圆形或宽楔形，先端钝或具短尖，边缘通常呈微波状或具波状牙齿，稀全缘，两面疏生短柔毛或无毛。聚伞花序生于具叶的侧枝顶端，二叉状稀疏分枝，呈伞房状，宽5～8厘米；花二型，无梗；花萼钟状,5裂，长5～6毫米，裂片三角形，不等大；花冠白色，与花萼几乎等长，裂片比筒部短；雄花花丝长约3.5毫米；退化雌蕊圆球形；两性花花丝长1～2毫米，花柱合生部分长1～1.5毫米，第一次分枝长约1毫米，第二次分枝长2～3毫米，柱头匙形。核果近球形，黄色或带红色，直径10～15毫米，具多胶质的中果皮，包被宿存的花萼，见图2。花期2～4月，果期6～8月。

图1 果枝（张挺 拍摄）

图2 果实（张挺 拍摄）

【生长环境】

生于海拔300～1900米的山坡疏林及山谷溪边。

【地理分布】

产于中国西藏、云南、贵州、广西、广东、福建及台湾；在印度、巴基斯坦、缅甸、老挝、柬埔寨、泰国、越南、马来西亚、印度尼西亚、日本、澳大利亚、太平洋群岛也有分布。

【用途】

果实富含脂肪，可榨油；果入药，有祛痰利尿之效；木材可供建筑及农具用材。

【纤维原料形貌】

破布木皮纤维原料形貌如图3。

图3 破布木皮纤维原料图

【化学组成】

表1为破布木皮的化学组成。破布木皮的灰分含量为4.37%；纤维素及半纤维素的含量分别为42.10%和26.51%，两者含量之和在本书所记载所有科属中含量最高；苯醇抽出物和热水抽出物的含量分别为3.68%和10.59%；酸溶木素和酸不溶木素含量分别为1.59%、15.32%。

表1 破布木皮化学组成

组分	纤维素	半纤维素	抽出物		木素		灰分
			苯醇抽出物	热水抽出物	酸不溶木素	酸溶木素	
含量/%	42.10	26.51	3.68	10.59	15.32	1.59	4.37

【纤维原料生物结构】

图4为破布木皮的生物结构图。如图所示，破布木皮从外到内依次为表皮、周皮和韧皮部，其中韧皮部主要由韧皮纤维、韧皮薄壁细胞和韧皮射线等构成。纤维细胞

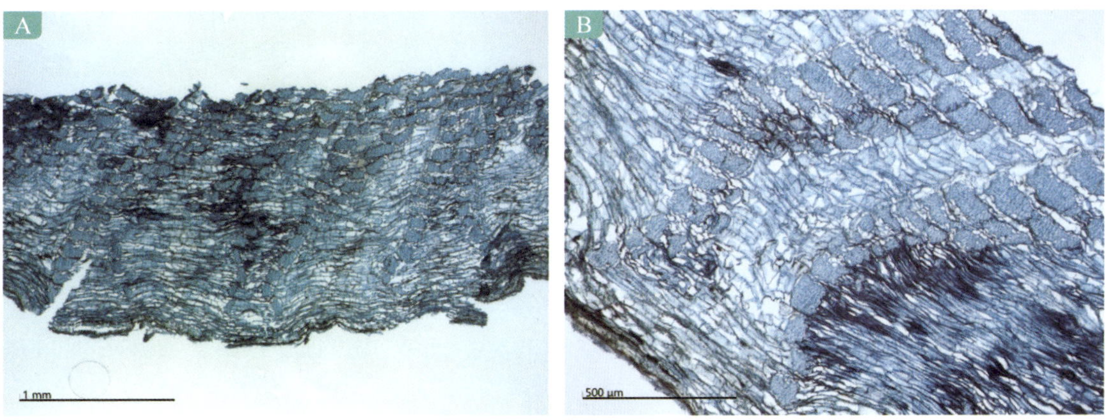

图4

（A）超景深显微镜图（×100）；（B）超景深显微镜图（×200）

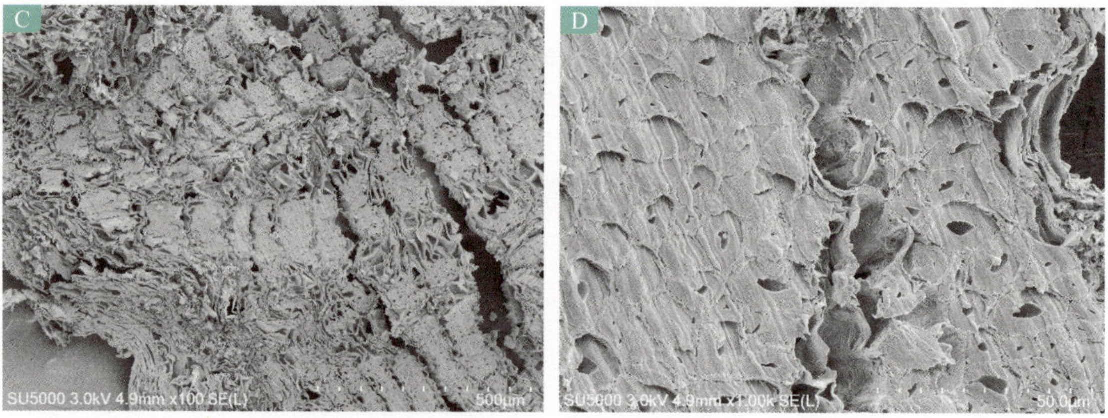

图4　破布木皮生物结构图

（**C**）扫描电镜图（×**100**）；（**D**）扫描电镜图（×**1000**）

壁厚、腔小，排列紧凑且整齐。纤维聚集成纤维束沿径向成行分布，数个径向行之间由韧皮射线细胞间隔。韧皮薄壁细胞散布于纤维束之间。韧皮射线细胞为多列，未见明显石细胞。

【纤维形态分析】

破布木韧皮纤维形态分析结果见表2。

表2　破布木韧皮纤维形态分析结果

项目 / 名称	纤维图像分析仪					光学显微镜法		
	平均长度/mm			宽度/μm	长宽比	壁厚/μm	胞腔直径/μm	壁腔比
	算术平均	长度加权	重量加权					
破布木	0.63	1.23	1.59	19.13	64	3.60	6.16	1.17

注：长宽比=长度加权平均长度/宽度。

【纤维微观形貌】

图5为破布木韧皮纤维的光学显微镜图。从图中可以看出，破布木韧皮纤维经赫氏染色剂染色后呈暗紫色。纤维长度较短，粗细均匀。部分纤维中段略宽，两端逐渐变细，端部多为钝尖状。纤维表面有浅细横节纹，加宽区域节纹较密集。纤维细胞腔宽窄不一，加宽段细胞腔较宽且与细胞壁分界明显。

图6为破布木韧皮纤维的扫描电镜图。由图可知，破布木韧皮纤维整体纤细，纤维宽度均匀；存在少量杂细胞。

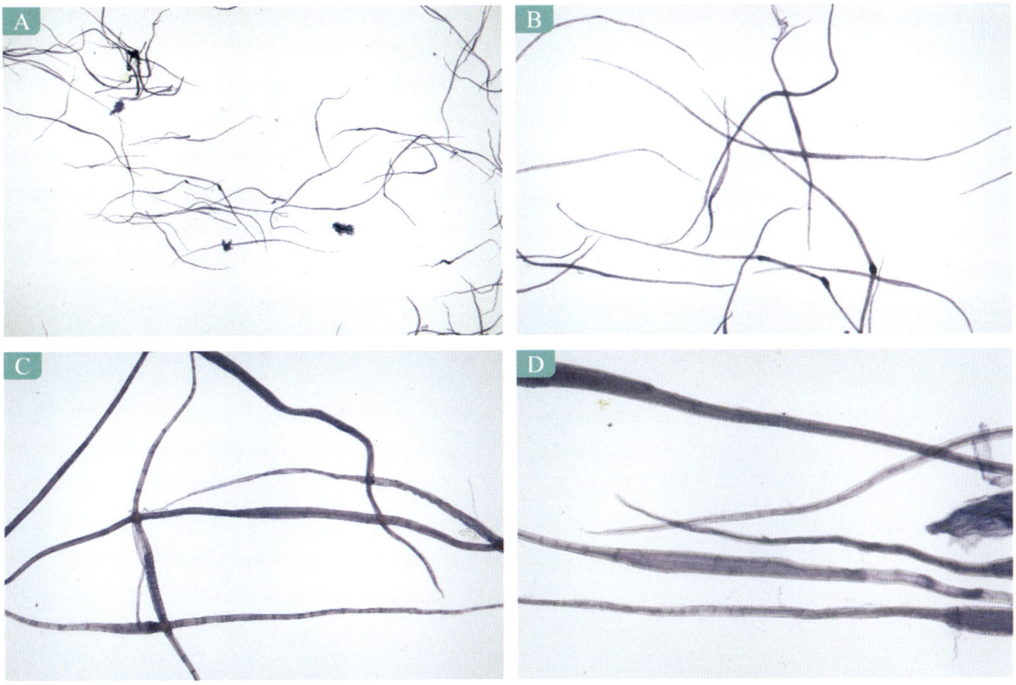

图5 破布木韧皮纤维光学显微镜图

（A）40×；（B）100×；（C）200×；（D）400×

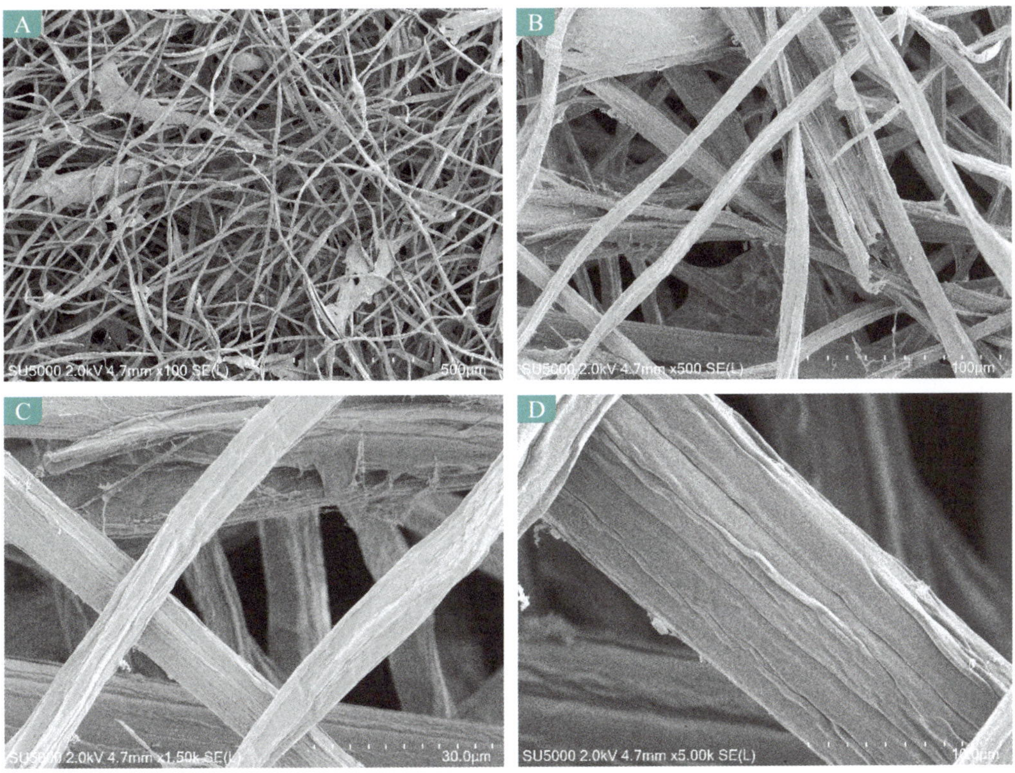

图6 破布木韧皮纤维扫描电镜图

（A）100×；（B）500×；（C）1500×；（D）5000×

【纤维物理性质】

由表3可见，破布木韧皮纤维的结晶度为76.3%；使用比重瓶法测定的纤维密度为1.37g·cm^{-3}；平均微纤丝角度为11°～16°；纤维干法和湿法零距抗张指数分别为54.6N·m·g^{-1}和48.9N·m·g^{-1}；纤维活化能为161.3kJ·mol^{-1}。

表3　破布木韧皮纤维物理性质

项目 名称	纤维密度 /g·cm^{-3}	结晶度 /%	微纤丝角 /°	零距抗张指数/N·m·g^{-1}		热重分析活化能 /kJ·mol^{-1}
				干法	湿法	
破布木	1.37	76.3	11~16	54.6	48.9	161.3

第 9 章

漆树科

Anacardiaceae

9.1 厚皮树属 *Lannea* A. Richard

9.1.1 厚皮树 *Lannea coromandelica* (Houttuyn) Merrill

【形态特征】

落叶乔木，高5～10米，树皮灰白色，小枝密被锈色星状毛，见图1。小叶柄短，长1～3毫米，被锈色星状毛；奇数羽状复叶常集生于小枝顶端，长10～33厘米，有小叶（5～）7～8（～11）对，叶轴和叶柄圆柱形，疏被锈色星状毛；小叶膜质或薄纸质，卵形或长圆状卵形，长5.5～9厘米，宽2.5～4厘米，基部略偏斜，近圆形，先端长渐尖或尾状渐尖，全缘，正面无毛，叶背沿脉上疏被锈色星状毛和极稀疏灰色微柔毛；侧脉6～10对，在叶面微凹，叶背突起。花小，黄色或带紫色，排列成顶生分枝或不分枝的总状花序，雄花序长15～30厘米，分枝，雌花序较短，簇生小枝顶端，被锈色星状毛；小苞片长1～2毫米，边缘具细睫毛；花萼无毛，裂片卵形或阔卵形，长约1毫米，边缘具细睫毛；花瓣卵状长圆形，长约2.7毫米，宽约1.5毫米，无毛，先端和边缘外卷；雄蕊与花瓣等长或略超过，在雌花中极短，不育；花盘环形；子房无毛，卵形，4室，通常仅1室发育。核果卵形，略压扁，成熟时紫红色，长8～10毫米，宽约0.5～1毫米，无毛，见图2。花期3月，果期4～6月。

图1 植株（刘成 拍摄）

图2 果实（刘成 拍摄）

【生长环境】

生于海拔100～1800米的低地和山林中。

【地理分布】

产于中国广东、广西、云南；在印度、不丹、尼泊尔、斯里兰卡、缅甸也有分布。

【纤维原料形貌】

厚皮树皮纤维原料形貌如图3。

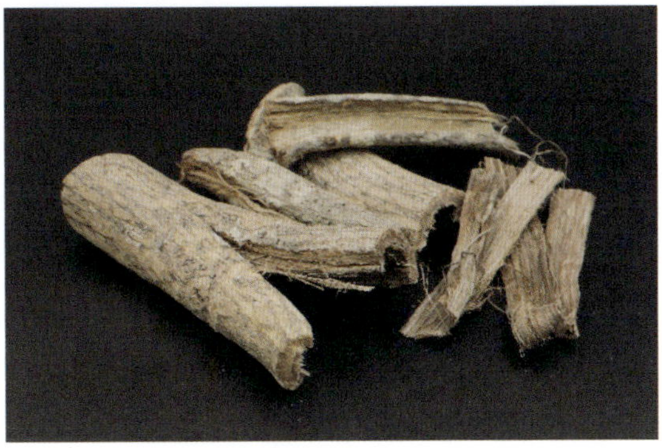

图3 厚皮树皮纤维原料图

【化学组成】

表1为厚皮树皮的化学组成。厚皮树皮的灰分含量为2.25%；纤维素及半纤维素的含量分别为21.90%和16.16%；苯醇抽出物和热水抽出物的含量分别为7.27%和9.44%；酸溶木素和酸不溶木素含量分别为4.58%和30.90%。

表1 厚皮树皮化学组成

组分	纤维素	半纤维素	抽出物		木素		灰分
			苯醇抽出物	热水抽出物	酸不溶木素	酸溶木素	
含量/%	21.90	16.16	7.27	9.44	30.90	4.58	2.25

【纤维原料生物结构】

图4为厚皮树皮的生物结构图。如图所示，厚皮树皮从外到内依次为表皮、周皮和韧皮部。韧皮部主要由韧皮纤维、韧皮薄壁细胞、韧皮射线和石细胞等构成。纤维

图4

（A）超景深显微镜图（×100）；（B）超景深显微镜图（×200）

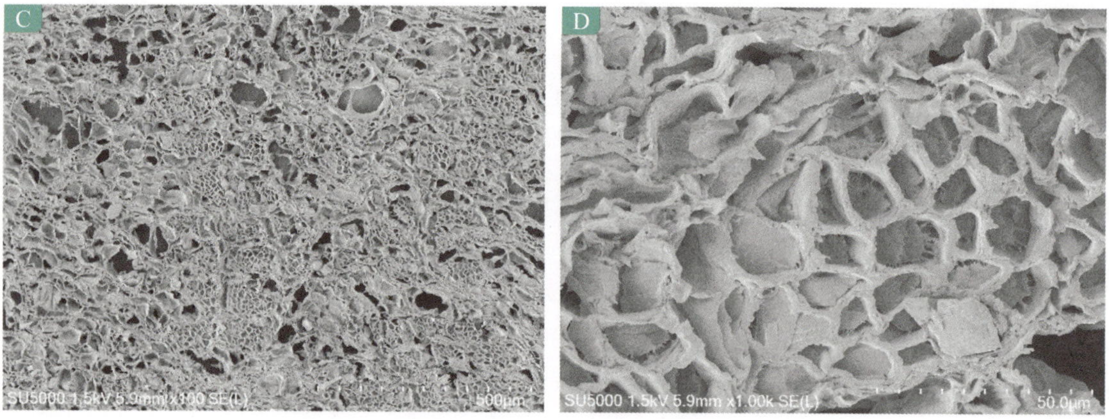

图4　厚皮树皮生物结构图

（**C**）扫描电镜图（×**100**）；（**D**）扫描电镜图（×**1000**）

细胞腔小、壁厚，排列紧凑且整齐，取向性明显。韧皮薄壁细胞分布于纤维之间，形成脉络并将韧皮纤维分为若干横向排列的行，每个横向行中纤维束多达几十个。韧皮射线细胞为单列，石细胞分布于近表皮侧。

【纤维形态分析】

厚皮树韧皮纤维形态分析结果见表2。

表2　厚皮树韧皮纤维形态分析结果

项目 \ 名称	纤维图像分析仪					光学显微镜法		
	平均长度/mm			宽度/μm	长宽比	壁厚/μm	胞腔直径/μm	壁腔比
	算术平均	长度加权	重量加权					
厚皮树	0.59	1.30	1.78	21.16	61	2.36	2.59	1.82

注：长宽比＝长度加权平均长度/宽度。

【纤维微观形貌】

图5为厚皮树韧皮纤维的光学显微镜图。如图所示，厚皮树韧皮纤维经赫氏染色剂染色后呈暗紫色，长度较短。部分纤维中段存在不明显加宽区域，端部多为钝圆状。部分纤维表面有浅细横节纹，间距不均。纤维细胞腔不可见。

图6为厚皮树韧皮纤维的扫描电镜图。如图所示，厚皮树韧皮纤维整体呈扁平状，宽度差异较小，且纤维表面存在较明显的褶皱。

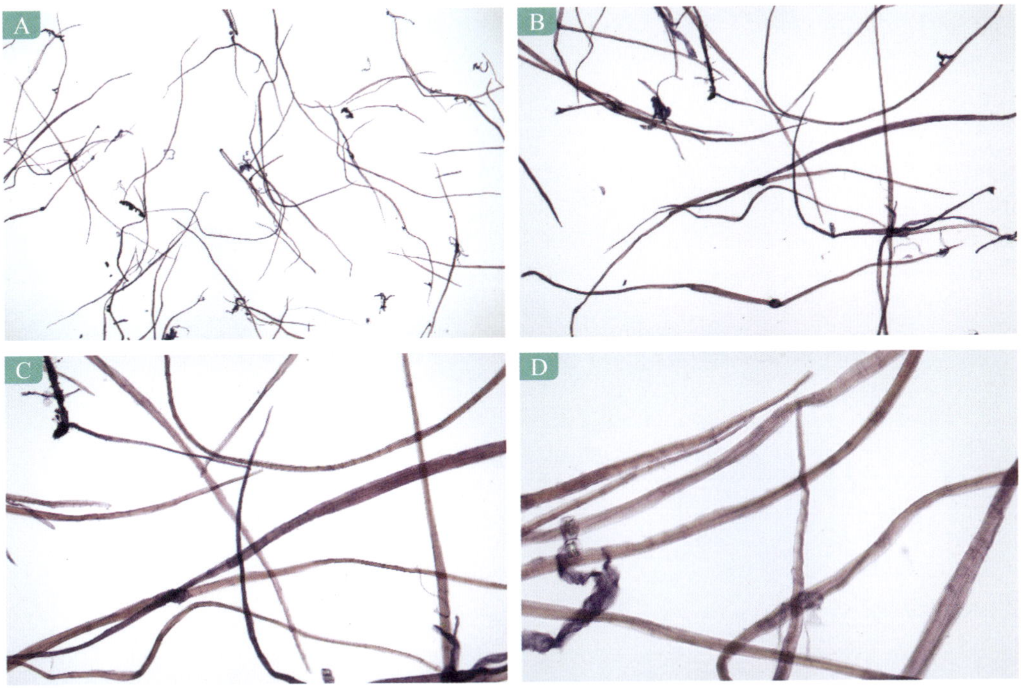

图5 厚皮树韧皮纤维光学显微镜图

（A）40×；（B）100×；（C）200×；（D）400×

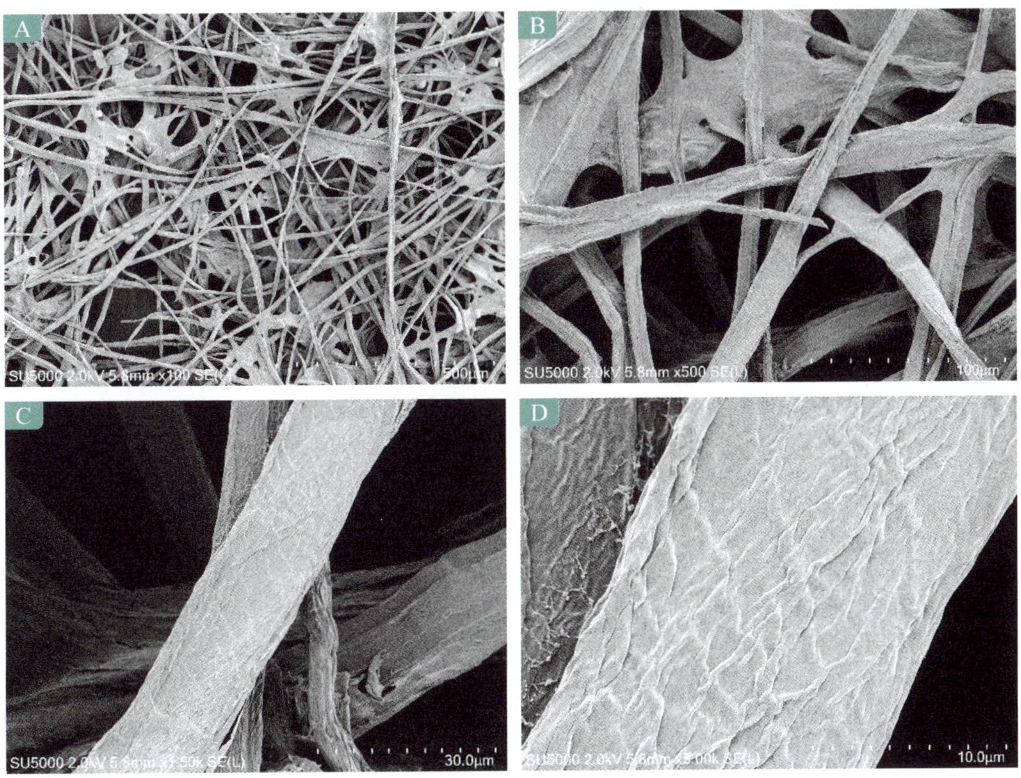

图6 厚皮树韧皮纤维扫描电镜图

（A）100×；（B）500×；（C）1500×；（D）5000×

【纤维物理性质】

由表3可见，厚皮树韧皮纤维的结晶度为82.3%；使用比重瓶法测定的纤维密度为1.58g · cm^{-3}；平均微纤丝角度为8° ～ 14° ；纤维干法和湿法零距抗张指数分别为71.6N · m · g^{-1}和32.6N · m · g^{-1}；纤维活化能为150.5kJ · mol^{-1}。

表3　厚皮树韧皮纤维物理性质

项目 名称	纤维密度 /g · cm^{-3}	结晶度 /%	微纤丝角 /°	零距抗张指数/N · m · g^{-1}		热重分析活化能 /kJ · mol^{-1}
				干法	湿法	
厚皮树	1.58	82.3	8~14	71.6	32.6	150.5

附录　测试参考标准/文献

<table>
<tr><th>分类</th><th>参数名称</th><th>参考标准/文献</th></tr>
<tr><td rowspan="7">化学组分</td><td>纤维素</td><td rowspan="4">NREL/TP-510-42618 Determination of Structural Carbohydrates and Lignin in Biomass</td></tr>
<tr><td>半纤维素</td></tr>
<tr><td>酸溶木素</td></tr>
<tr><td>酸不溶木素</td></tr>
<tr><td>苯醇抽出物</td><td>GB/T 2677.6—1994. 造纸原料有机溶剂抽出物含量的测定</td></tr>
<tr><td>热水抽出物</td><td>GB/T 2677.4—1993. 造纸原料水抽出物含量的测定</td></tr>
<tr><td>灰分</td><td>GB/T 742—2018. 造纸原料、纸浆、纸和纸板 灼烧残余物(灰分)的测定(575℃和900℃)</td></tr>
<tr><td rowspan="5">纤维形态</td><td>长度</td><td rowspan="2">纤维图像分析仪(Valmet FS5)，或光学显微镜测定法</td></tr>
<tr><td>宽度</td></tr>
<tr><td>壁厚</td><td rowspan="3">刘忠，张素风. 制浆造纸分析与检测: 第2版. 北京:中国轻工业出版社, 2020</td></tr>
<tr><td>腔径</td></tr>
<tr><td>壁腔比</td></tr>
<tr><td rowspan="5">物理性能</td><td>密度</td><td>比重瓶法</td></tr>
<tr><td>结晶度</td><td>SEGAL L,CREELY L L,MARTIN A E, et al. An Empirical Method for Estimating the Degree of Crystallinity of Native Cellulose Using the X-Ray Diffractometer[J]. Textile Research Journal, 1959, 29(10): 786-794</td></tr>
<tr><td>微纤丝角</td><td>阮锡根，尹思慈，孙成志. 应用X射线衍射-(002)衍射弧法——测定木材纤维次生壁的微纤丝角[J]. 林业科学, 1982, 18(1): 64-70</td></tr>
<tr><td>干法（湿法）零距抗张指数</td><td>GB/T 26460—2011. 纸浆 零距抗张强度的测定(干法或湿法)</td></tr>
<tr><td>热重分析活化能</td><td>COATS A W, REDFERN J P. Kinetic Parameters from Thermogravimetric Data[J]. Nature, 1964, 201: 68-69</td></tr>
</table>

注：1. 书中涉及的纤维形态参数测定方法依据纤维长度范围区分如下：(1) 对于长度适中的纤维样本，采用纤维图像分析仪（Valmet FS5）进行形态测定。(2) 当纤维长度超出该仪器适宜测量范围时，则使用光学显微镜测定法测定其长度与宽度。

2. 纤维原料生物结构中的A和B图为切片经番红和固绿染色剂二重染色后观察得到。

3. 纤维微观形貌中的光学显微镜图为解离后的纤维经赫氏染色剂染色后观察得到；扫描电镜图为解离后的纤维经冷冻干燥后观察得到。

参考文献

[1] 中国科学院中国植物志编辑委员会. 中国植物志[M]. 北京: 科学出版社, 1959-2004.

[2] Flora of China Editorial Committee. Flora of China [M]. Beijing: Science Press; St. Louis: Missouri Botanical Garden Press, 1994–2013.

[3] 王菊华. 中国造纸原料纤维特性及显微图谱[M]. 北京: 中国轻工业出版社, 1999.

[4] 易晓辉. 中国古纸与传统手工纸植物纤维显微图谱[M]. 桂林: 广西师范大学出版社, 2022.

[5] 俞梦兰. 我国常见瑞香科韧皮纤维理化性能的初步研究[D]. 广州: 华南理工大学, 2022.

[6] 刘忠, 张素风. 制浆造纸分析与检测: 第2版[M]. 北京: 中国轻工业出版社, 2020.

[7] 裴继诚. 植物纤维化学: 第5版[M]. 北京: 中国轻工业出版社, 2020.